自衛隊が国軍になる日

「兵役」を「神聖な任務」とし普通の国に

柿谷勲夫

展転社

はじめに

自民・公明両党の「小田原評定」の末、ようやく平成二十六年七月一日、集団的自衛権の行使を容認する閣議決定がなされました。内容は十分ではありませんが、日米安全保障条約の改定を行った長州人・安倍晋三首相の祖父・岸信介氏以来の快挙といえます。

集団的自衛権行使容認の論議の過程において、民主党、共産党、社民党などの野党や朝日新聞などは、国家をどのようにして防衛するかよりも、占領憲法に照らし、どうのこうのとの神学論争に終始していました。

「特定秘密保護法」の審議の時も、野党や朝日新聞などは、法律の目的が国家の重要な秘密を如何にして守るかにあるにもかかわらず、如何にして監視するかに無駄な労力を費やしていました。全て本末転倒なのです。

集団的自衛権の行使についても、解釈の変更ではなく、憲法を改正すべきとの一見もっともらしい主張があります。しかし、占領憲法の改正規定に従えば、衆参各議院の総議員の三分の二以上の賛成がなければ改正の発議ができません。逆に言えば、衆参いずれかの議院の議員が三分の一反対すれば改正できないのです。集団的自衛権行使の反対者は、自分たちに下駄を穿かせろといっているのに等しいのです。

そもそも、改正条項は、我が国と戦ったアメリカなどの占領軍が、我が国の半永久的弱体化を目論んだもので、占領が終ってからも簡単に変えることができないようにしたのです。占領憲法は国民の意思で作ったものではありません。それ故、衆参各議院の総議員の三分の二以上が賛成意見で占めるに至るまでは、解釈変更でいくしかありません。

内閣は選挙で選ばれた多数党の議員で構成されます。内閣の解釈変更は、民意ですから民主主義には全然反しません。

私は平成五年、陸上自衛隊を退官しました。翌平成六年『自衛隊が軍隊になる日』（展転社）を、同十一年『徴兵制が日本を救う』（同）を出版しました。前者『自衛隊が軍隊になる日』を読んだ友人からこの内容は「自衛隊が軍隊にならない日」ではないかと揶揄され、後者『徴兵制が日本を救う』を読んだ友人からはこの題名は十年早すぎると指摘されました。が、前者を出版してから二十年、後者を出版してから十五年の歳月が流れ、我が国を取り巻く状況、自衛隊に対する内外の評価が変わり、不十分ではありますが、集団的自衛権の行使容認の閣議決定に至りました。

他国の支配から独立して主権を獲得した国が自主憲法を制定すれば、まず国家存立の要である「軍」を明記します。しかし、占領軍が押し付けた占領憲法に「軍」が位置付けられていません。我が国を半永久的に弱体国家にしておきたい占領軍の意向は依然として解消されていないのです。自主憲法を制定して自衛隊を軍隊に自衛官を軍人として位置付けなければ普通の国にはなれないのです。

目次

自衛隊が国軍になる日――「兵役」を「神聖な任務」とし普通の国に

はじめに　1

第一編　自衛隊を取り巻く国内外の変化　11

第一章　都知事選における元空幕長の善戦　13

一　空幕長が「大将」に　13
二　自衛官に対する見方の変化　22
三　国内外情勢の変化　23
四　最高顧問に見放されたが、支持率は五〇％増大　28

第二章　東日本大震災で自衛隊に助けられ自衛隊を見直した国民　29

一　朝日新聞すら自衛隊に感謝　30
二　自衛隊と米軍の不要扱いに反省がない「反日」国民　33
三　自衛官に責任を押し付けた民主党政権　38
四　存亡の危機にも「反自衛隊」を忘れず　40
五　「危機」にあっても「乱」を忘れる　42
六　占領下でも活躍した〝予備自衛官〟　44

第三章　「漁船」と「イージス艦」衝突事故で自衛隊を正当に評価した裁判所　46
一　〝冤罪〟の尖兵・朝日新聞　47
二　福田首相、石破防衛相、防衛省の士官叩き　49
三　海保が海自を捜査する「珍現象」　51
四　横浜地検の起訴、防衛省の処分、士官の反論　53
五　横浜地裁の無罪判決　55
六　東京高裁も無罪判決　58
七　上告断念、無罪確定も謝罪なき検察と海保　59
八　無罪確定後も処分を撤回しない防衛省　60
第四章　元大臣を尻目に、元統幕議長を「勲一等」に　66
一　画期的な勲一等　66
二　驚いた官僚　69
第五章　中国の我が国への復讐心の増大　71
一　支那事変は終っていない　72
二　日清戦争　74

三　満洲とは、満洲事変とは　76
四　支那事変　82
五　大東亜戦争　86
六　「戦略的互恵関係」で得たもの―中国は軍備と富、日本はパンダとトキ　89
七　侮日の背景は劣等感　92
八　自力防衛が嫌なら日米同盟の強化を　96
九　大陸から撤退―再び「大東亜」の発展に貢献を　100

第六章　韓国の我が国への「劣等感・逆恨み・怨念」の拡大　104

一　平成の「三国干渉」　104
二　反日は終らない　110
三　伊藤博文の最期　112
四　我が国の新聞は伊藤殺害をどのように報じたか　115
五　日清戦争が韓国の独立をもたらし「大韓帝国」に　117
六　日露戦争が韓国の「ロシア属国化」を阻止　118
七　日韓併合が「東洋平和」と韓国の近代化を進めた　120
八　安重根に寛大だった当時の日本人　123

九　「慰安婦」を煽り国の名誉を貶めた国内の勢力　126
十　帝国陸軍将校を上回る慰安婦の収入　134
十一　歴史を直視しない朴槿恵大統領　138
十二　朝鮮名のまま帝国陸軍の中将に　141
十三　謝罪はもうごめんだ　143

第七章　靖國神社参拝を拒絶する防衛相と防大校長　145

一　参拝を止めた防衛庁長官、英霊を貶めた元長官　145
二　首相参拝反対者が二代続けて防大校長に　147
三　伝統を守り五十年参拝を続ける防大生　149

第八章　防大建学の精神に著しく反する校長による防大潰し　151

一　百八十度違う初代校長と前・現校長の歴史観　151
二　校長の副業専念と学生の詐欺事件　153
三　無頼漢も驚く防大生の蛮行　160
四　士官教育に心血を注いだ初代校長・槇智雄氏　162
五　防大の一般大学化を目論んだ前校長・五百旗頭真氏　165

六　修行の道場「学生舎」を「ネグラ」化した現校長・国分良成氏　169
七　自衛官校長の手で再建を　174

第二編　太平の眠りから目覚め普通の国に　177

第九章　惰眠をむさぼり続ける敗戦意識　179
一　ボタンを掛け違えた「軍隊」（警察予備隊・保安庁）の創設　179
二　座して自滅を待つ「専守防衛」は成り立たない　181
三　精神年齢占領下の政治家たち　186
四　「自衛隊」でいけない理由　189

第十章　「防衛省」は目覚めの第一歩　193
一　第一次安倍内閣の功績　193
二　「不敗の態勢」の確立に失敗した第一次安倍内閣　194

第十一章　集団的自衛権の行使は目覚めの第二歩　197
一　防大卒業式訓示に見た安倍首相の本気度　197
二　いつまでも自衛隊を「苦役」扱いする政治家と官僚　205

三　自衛官を「歩」扱いする国家安全保障局　211
四　「秘密」漏洩防止よりも暴露を目論む特定秘密保護法論議　212
五　説明は十分―理解できないのは国民の無知　228
六　戦争できる国に　229
七　軍隊（自衛隊）と警察・海保の本質的違い　230
八　自衛官に「軍人」として「名誉・敬意・処遇」を　232

第十二章　完全目覚めは自主憲法の制定と国防軍の設置　237
―自主憲法を制定するか、亡国を選ぶか―

第十三章　総選挙で圧勝、自主憲法制定に歩を進める安倍首相　240
一　解散の狙い　240
二　不敗の態勢を確立して「アベノミクス解散」　241
三　勝兵は勝った後に戦いを求め、敗兵は戦って後に勝を求める　242
四　戦いの原則に則った「奇襲」「集中」「主動」　242

おわりに　247
参考文献　250

第一編

自衛隊を取り巻く国内外の変化

私が『自衛隊が軍隊になる日』を出版した以降、変わったことは①中国の公表国防費の名目上の規模は、『平成二十六年版防衛白書』によりますと、過去二十六年間で約四十倍、過去十年間で約四倍となっている②北朝鮮が実質核保有国になり、核・ミサイルで、我が国だけではなく、アメリカをも脅している③中国や韓国の反日の度合いが一段と増大した④東西対立が消滅し、アメリカが日本を必要とする度合いが低下した⑤中国、韓国、北朝鮮を除くアジア諸国の我が国に対する国防上の期待度や信頼度が増大した⑥我が国の防衛費は、平成二十五年度以降若干増大したとはいえ、平成十四年度をピークとして減少し、十年前に及ばない⑦国民、なかんずく若者が、我が国の将来に不安を抱き始め、自衛隊に対する信頼、期待が増大した⑧安倍晋三氏が、内閣総理大臣、自衛隊の最高指揮官になり、戦後体制から脱却し、普通の国を目指し始めた、などがあります。

自衛隊を取り巻く変化には、自衛隊を軍隊として位置付けなければならない内外要因があります。その一方、足を引っ張る要因もあります。最初（第一章から第六章）に前者を最後（第七章、第八章）に後者について述べます。

第一章　都知事選における元空幕長の善戦

一　空幕長が「大将」に

我が国の民意が大きく変わったと実感したのは、平成二十六年二月九日投開票された東京都知事選挙です。その確定得票は次の通りです（かっこ内の数値は、全得票数を一・〇〇〇とした場合の得票率）。

当	二、一一二、九七九	（〇・四三四）	舛添　要一	無新
	九八二、五九四	（〇・二〇二）	宇都宮健児	無新
	九五六、〇六三	（〇・一九六）	細川　護熙	無新
	六一〇、八六五	（〇・一二五）	田母神俊雄	無新
	八八、九三六	（〇・〇一八）	家入　一真	無新
	六四、七七四	（〇・〇一三）	ドクター・中松	無新
	五二、八八六	（〇・〇一一）	マック赤坂等十名の計	
	四、八六九、〇九七	（一・〇〇〇）	得　票　合　計　数	

各候補者の得票率は、自民、公明両党の支援を受けた元厚労相の舛添氏が約四三％、共産、

社民両党の推薦を受けた元日弁連会長の宇都宮氏と小泉純一郎元首相、民主党、生活の党、結いの党の支援を得た元首相の細川氏がそれぞれ約二〇％、政党の支援を受けなかった元航空幕僚長の田母神氏が約一三％、これら上位四氏が約九六％を占め、家入氏以下十二氏の合計は約四％にすぎませんでした。

私が子供の頃、山下清画伯は「あの人は、兵隊の位でいえばどのくらいか」と言ったのを覚えています。山下画伯の問いに答えて上位四氏を兵隊の位でいえば、元首相の細川氏は大将、戦前、陸相には大将又は中将が就任しました、例えば、東條英機元首相が近衛内閣の陸軍大臣を務めた時、中将でしたから元厚労相の舛添氏は大将又は中将、日弁連会長は一応、次官に準ずるとすれば、元日弁連会長の宇都宮氏は中将又は少将、空幕長の階級章は外国人が見れば大将ですから田母神氏は大将でしょう。

朝日新聞は一月十日付「社説」で、「東京都知事選」「多彩な候補を歓迎する」との見出しで、次のように報道しました。

《二月九日の東京都知事選に向け、候補者がようやく出そろいつつある。舛添要一元厚労相や宇都宮健児前日弁連会長らが立候補の意向を表明したほか、細川護熙元首相も出馬を考えていることが明らかになった。……

舛添氏は自公政権で厚労相を務めたが、……細川氏には「脱原発」を争点化する狙いがあり、……脱原発は宇都宮氏も掲げているが、……。》

朝日新聞自身が一月六日付夕刊で「元航空幕僚長の田母神氏出馬へ　都知事選」、七日付夕刊でも「維新・石原氏が田母神氏支援へ」と田母神氏の都知事選出馬を掲載していました。にもかかわらず、「多彩な候補を歓迎する」中から田母神氏を外しました。すなわち、田母神氏を大将として扱いませんでした。

しかし、政党の支持、支援を一切受けない田母神氏に六十一万人余りの都民が投票したということは、田母神氏を大将と処遇したといえます。

私は都知事選の結果を見て、昭和五十五年の参院選挙東京地方区の選挙結果を思い出しました。次はその時の選挙結果です。

当	一、三一五、五八三（〇・二四八）	安井　謙	無現
当	八七四、〇一七（〇・一六五）	三木　忠雄	公現
当	八一五、七五四（〇・一五四）	上田耕一郎	共現
当	八一三、五八三（〇・一五三）	宇都宮徳馬	無新
次	六九六、九〇一（〇・一三一）	栗栖　弘臣	民新
	六八一、八一一（〇・一二八）	加藤　清政	社新
	一一一、二四五（〇・〇二一）	品川　司等五名の計	
	五、三〇八、八九四（一・〇〇〇）	得票合計数	

注・安井謙氏は参院議長、宇都宮徳馬氏は元自民党衆院議員で陸軍大将の子息。

思い出した理由は、東京都の選挙で元自衛隊の「大将」が出馬したのは、昭和五十五年以来、三十数年ぶりだからです。栗栖統合幕僚会議議長は昭和五十三年、「我が国が奇襲攻撃を受けた場合、有事法制が整備されていないから、自衛隊は超法規的行動をとらざるを得ない」（趣旨）と述べて、金丸信防衛庁長官から解任されました。

栗栖陸将の発言には背景があります。私が陸上幕僚監部第三部編成班（現、防衛部防衛課編成班）に勤務していた昭和五十一年、ソ連のベレンコという若い中尉が、ミグ25戦闘機に乗って亡命、函館空港に強行着陸しました。ベレンコ中尉は「日本の近くにきたから安心した」（趣旨）と述べました。亡命を企てれば、ソ連領空付近ではソ連機によって撃墜されますが、日本領空内に至れば、自分から手を出さなければ自衛隊機から撃墜されない、つまり大丈夫だ、と熟知しての発言です。函館空港への着陸を許したということは、攻撃目的で飛来した場合は函館が火の海になったことを意味します。

ミグ25は当時世界最新鋭の戦闘機、アメリカも日本も喉から手が出るほど欲しい。ソ連としては渡したくない。取り返しに、あるいは爆破しに来るかも知れない。いずれの場合も法制が整備されていない故、対処できない非常事態でした。

ミグ25の強行着陸後、ほどなくして陸上防衛の最高責任者・陸上幕僚長に着任したのが栗栖陸将です。大変な心労だったと思います。栗栖陸将は昭和五十二年に自衛官最高位の統幕議長に栄進、五十三年に「超法規」発言をしますと、防衛庁長官着任一年にも満たない防衛の〝素人〟である金丸氏から、シビリアンコントロールを侵犯したとして解任されたのです。栗栖発言から十数年経って、阪神淡路大震災が起きました。政治の無為無策から沢山の死者が出ますと、政治から「自衛隊は超法規的措置でもよかったのでは」「自治体の派遣要請がなくても動いてほしかった」などとの発言が飛び出しました。自衛官が超法規的行動を取らざるを得ないと言えばクビにし、取らなければ、何故、取らないのかと言う。政治とは無責任なものです。

因みに、金丸氏の葬儀には陸上自衛隊から儀仗隊員約六十人が参列しましたが、栗栖氏は生存者叙勲を辞退されました。

栗栖氏は昭和五十五年六月の参院選挙で、民社党の公認候補として東京地方区から立候補しました。自衛官の中には、「統幕議長までやった人が、たかが参院選挙に立候補するのは如何なものか」との意見もありました。私は栗栖氏が参院選挙に立候補された理由は、議員になって国会の場で、政府に対して防衛に関する法制の不備を糾すのが目的だったと思います。

自衛官で政府の防衛政策を批判したとして解任されたのは栗栖氏が初めてです。陸上幕僚長には、自衛隊発足当時は旧内務官僚など非軍人が就任していましたが、陸軍士官学校出身者が陸将になりだした以降は、ほとんどが陸軍士官学校、陸軍大学校の出身者が就いていました。栗栖氏は昭和十八年、東京帝国大学法学部を卒業し、海軍に入隊した海軍法務大尉です。東大出身、それも海軍出身が陸幕長とは異例の人事です。

ところが、栗栖氏は陸士、陸大卒以上の「武人」でした。陸幕には部長以上が参加して審議する部長会議がありました。ある部長会議で、私が主務として作成した内容が議題でしたので、三佐にすぎない私も陪席しました。内容は職務上知った秘密ですから、退官して二十年以上になりますが、特定秘密保護法のあるなしにかかわらず、内容を話したりはしません。

休憩に入り、ある部長が「部隊では中隊長などが当直に就いても、多忙であり、なかなか代休がとれません」と言いますと、栗栖陸幕長は「幹部が代休をとっていたのか。部下が勤務に就いているのに、指揮官が休暇では誰が指揮をとるのか。中隊全員が訓練の代休をとるのであれば、中隊長が代休をとるのはいいが、当直の代休であれば問題である」と言いました。並みいる陸士出身の部長が赤面しました。

私は度々決裁を頂きに参上、付き返されたこともありました。が、私が退官後、著書を出版した折、産経新聞紙上に書評を書いて頂きました。厳しさの中に温情溢れる武人でした。

叙勲の辞退に触れましたが、私がかつて、統幕議長経験者の生存者叙勲を調べていますと、栗栖氏ただ一人受章していませんでした。私は電話で理由を聞きますと「辞退しました。堕落した政府から、釣り合いの取れない低ランクの勲章をもらえない」と言われました。私は「そのことを著書などで書いていいですか」と言いますと「それは困る」と言われました。「私が想像したとの但し書きをして、書いていいですか」と聞きますと「それは君の勝手だ」とのことでした。亡くなられて随分経ちましたので、敢えて紹介しました。

私は陸幕防衛部から帯広の第五武器隊長兼第五師団司令部武器課長に転出し、約一年半後、陸幕防衛部研究課に戻り、栗栖氏が参院議員に立候補した時は二佐でした。かつての上官が選挙演説で、どのようなことを述べるのか大変興味があり、六本木の防衛庁前で行われた街頭演説を拝聴、多くの自衛官が集まりました。演説の締めくくりに「私の主張に同意しない人は私に投票しなくていい」（趣旨）と述べました。かつての部下に投票を要望することは武人として潔しとしなかったのでしょう。

この発言を脇で聞いていた民社党の春日一幸委員長が栗栖氏のマイクを慌てて取り上げ「選挙とは甘いものではない。みんな、栗栖に入れてくれ」（趣旨）と大声で言いました。が、残念ながら次点で落選しました。

元統合幕僚会議議長の栗栖氏と元航空幕僚長の田母神氏の共通点は、共に自民党政権から解任された自衛隊の「将軍」、自衛官や元自衛官からは最も尊敬され、有形無形の多大の支持があります、両氏とも退官後、多くの著書を出版、私の書棚の中にも栗栖氏の著書、『私の防衛論』（昭和五十三年、高木書房）、『いびつな日本人』（昭和五十四年、二見書房）、『仮想敵国ソ連』（昭和五十五年、講談社）、『核戦争の論理』（昭和五十六年、二見書房）、『考える時間はある』（昭和五十九年、学陽書房）が並んでいます。

都知事選挙と参院選挙の差がありますが、東京選挙区からの立候補です。違いは、栗栖氏は民社党の公認候補、田母神氏は政党の支援は一切なしの無所属、いわば〝一匹狼〟です。

得票数は栗栖氏が六九六、九〇一票で、田母神氏の六一〇、八六五票よりも八六、〇三六票多いですが、全得票数に占める得票率は栗栖氏が一三・五％、田母神氏が一二・五％でほぼ同じです。別の見方をしても、得票合計数が参院選挙の方が都知事選挙よりも四三九、七九七票多く、これを田母神氏の得票率〇・一二五に配分しますと、五四、九七五票、この票を田母神氏の得票数に上積みしますと、六六五、八四〇票、栗栖氏とほぼ同じになります。

栗栖氏の得票数の約七十万票の中に、民社党支持者の票がどのくらいあるか、正確には分かりません。但し、民社党は同時に行われた衆院選挙の東京選挙区十一の内、五個区に候補者を立て合計二九一、九六〇票を獲得しましたが、最低獲得選挙区は三万弱でしたから、立てなかった六個区の支持者の平均を二万と仮定しますと、その合計十二万が上積みされ、民社党支持者の票は約四十一万票となります。

栗栖氏の個人票は、栗栖氏の得票数約七十万から約四十一万を除いた約二十九万と推定され、田母神氏の得票数・約六十一万が栗栖氏の個人票を約三十二万上回ります。因みに、栗栖個人票の二十九万は、田母神氏の得票予想数三十万に奇しくも一致します。昭和五十五年から平成二十六年の三十四年間に自衛官の将官への投票数が倍増したことになります。

その分どこからきたのかを大観しますと、昭和五十五年の参院選挙で共産党・上田氏の得票数・八一五、七五四票と社会党・加藤氏の得票数・六八一、八一一票の合計が一、

四九七、五六五票、今回の都知事選で共産党と社民党の推薦を受けた宇都宮氏の得票数が九八二、五九四票ですから、宇都宮氏の得票数は昭和五十五年当時の共産、社会両党の合計得票数よりも五一四、九七一票減少しています。この数の相当部分が田母神氏の増大分に見合っています。結果として、左翼票が「愛国票」に回ったのではないでしょうか。

今回の都知事選で、舛添氏の得票率が高齢者ほど多いのに対して、田母神氏の得票率は若年層ほど多いと報道されています。例えば、朝日新聞は二月十日付で「舛添氏、高齢層に浸透」「田母神氏に若年層支持」との小見出しを掲げ、「若年層で細川氏を上回ったのが田母神俊雄氏で、特に二〇代では二四％の票を集めた。一方六〇代は七％、七〇歳以上は六％と低率だった」と記述、読売新聞（十二日付）の調査でも田母神氏の得票数は二十歳代が二七％、六〇歳代が八％、七〇歳以上が五％であり、朝日新聞の調査とほぼ同じ傾向でした。

理由について、朝日新聞（二月十日付）は「戦争を知らない世代に浸透したのは、ネットを上手に活用したことが要因だろう」と述べましたが、この分析は間違っていると思います。自衛官出身者の得票数が増大した理由は、自衛官に対する見方と我が国内外情勢の変化です。例えば、韓国の東亜日報は「今回の選挙では若者層の右傾化現象が際立った」（二月十一日付朝日新聞）と述べています。

二　自衛官に対する見方の変化

自衛官に対する見方は、当時と今では大きく変わりました。当時は政治家や国民だけではなく、官僚も自衛官を愚弄していました。例えば、栗栖陸将が陸上幕僚長から統合幕僚会議議長に転出し、後任の陸幕長が着任した時の出来事を紹介します。

前述しましたが、私は当時、第三部の幕僚で他省庁との連絡業務が比較的多い職務でした。このようなこともあり、陸幕庶務班から私に電話があり、「新陸幕長が、行政管理庁の○○局長と内閣法制局の次長に就任の挨拶に行きたいので、都合を聞いて貰いたい」と依頼してきました。法制局次長はともかく、たかが行政管理庁のいち局長などに挨拶に行く必要があるのか、と思いましたが、一応、行政管理庁と内閣法制局に電話で調整しますと双方とも「都合が悪い」との回答があり、その旨庶務班に伝えました。

三十分も経たないうちに、「先ほどと同じ相手に、栗栖統幕議長が挨拶に行きたいとのことで、再調整して貰いたい」と電話してきましたので、「無駄なことだ」と断りますと、「念のために今一度調整して欲しい」とのことで、どうせ断わられると思いながら恥を忍んで電話しましたところ、双方とも「お会いする」との返事です。

後から聞けば、栗栖陸将に対して内閣法制局は長官が会ったとのことでした。行政管理庁の局長が「都合が悪い」と断わった理由は散髪だったとのことでした。統幕議長と陸幕長は職務が違うとはいえ、双方とも「大将」の階級章を付けている将です。にもかかわらず、この差は何か。考えられるのは、栗栖陸将は東大法学部卒業の「高等文官試験」（高文）の合格者、新しく着任した陸幕長は陸士出身だからでしょう。

現在は当時に比べて自衛官に対する愚弄の度合いが減少し、このような侮辱はないと思いますが、自衛官を軽く見ている政治家、官僚が少なからずいるでしょう。

三　国内外情勢の変化

国内外情勢の変化は、栗栖氏が立候補した頃、

●内閣総理大臣が堂々と靖國神社に参拝していましたが、中国も韓国も文句を言いませんでした。例えば、昭和五十三年の秋の例大祭の開催時に〝A級戦犯〟が靖國神社に合祀され、翌年の五十四年四月十九日付朝日新聞は「靖国神社にA級戦犯合祀」「東条元首相ら十四人」「ひそかに殉難者として」との大見出しを掲げて一面トップで報じました。

朝日報道の二日後、大平正芳首相が公用車を使用して参拝、「内閣総理大臣」と記帳、大平首相は五十四年秋、五十五年春にも参拝、参院選挙後の五十五年八月十五日（十四日夕を含む）には鈴木善幸首相以下閣僚十九人が参拝しました。

●中国や北朝鮮の軍事力は弱小で、かつ中国や韓国から侮られていませんでした。

●韓国は〝従軍慰安婦〟問題など口にしていませんでした。
●経済は成長期にあり、若者は将来に夢がありました。
●近い将来、東京に直下型地震が起きると、今日ほど言われていませんでした。
これに対して、現状は、
●首相が靖國神社に参拝しますと、中国や韓国が威高々に文句をいい、同盟国のアメリカまでが「失望」したと注文をつけました。
●中国が軍事力を増大、北朝鮮までが核・ミサイルを保有して我が国を脅かし、中国に至っては我が国固有の領土たる尖閣諸島周辺の領海を侵犯、北朝鮮は拉致が明らかになった現在においても返していません。
●アメリカで、〝従軍慰安婦像〟が建ち、日本海が〝東海〟になりつつあります。
●経済が停滞し、若者の夢を奪っています。
●近い将来、東京に直下型地震が起きると言われています。
このような中、田母神氏は次のように訴えました。
●国家観、歴史観について
☆日本に誇りと自信が持てるように教育する（一月二十三日付朝日新聞夕刊）。
☆古き良き日本を取り戻す（二月三日付産経新聞）。
☆外国人地方参政権付与には絶対反対（二月四日付同）。

☆靖国神社には変わらず参拝する（同）。
☆教育現場での国旗・国歌への対応について「国際常識の観点及び国旗国歌法の理念に則り、運用を図るべきだ。君が代を斉唱しなかった都立高校教員らへの懲戒処分を定めた通達に関しては、同法の趣旨に則って制定されたもので適切だと考える（二月五日付同）。
☆朝鮮学校への補助金支給について「税金を使う以上、教育の中身、方向性をよく吟味したうえで判断すべきものであり、今の東京都の政策を維持すべきだ」（二月八日付同）。
●原発について
☆原発は豊かな生活を送るためには必要であり、安全を確保して使うことは可能だと考えている。脱原発には賛成できない（一月十六日付朝日新聞）。
●災害対策について
☆災害対策は東京都だけではできない。緊急時に、自衛隊が独断で動ける態勢を構築することが大切だ。指示や行動計画の決定を待っている間に多くの人が亡くなる。自衛官としての経験が生かせるはずだ（一月二十三日付朝日新聞）。
☆危機管理は専門分野。今、このとき災害が起きても皆さんを守れる（二月九日付産経新聞）。
　我が町内会の私の属する班はほとんどが六十五歳以上の高齢者、私を含め後期高齢者も少なくありません。外国に比べて我が国の高齢者は、一般的に豊かな老後を送り、現状に概ね満足しています。生存中に直下型地震が起きると思っている人は少ないでしょう。

これに対して、若年層は大変です。年金など将来が心配です。中国などが攻めて来ないとも限りません。中韓両国から連日のように侮られています。生存中に直下型地震が起きるのは、ほぼ間違いないでしょう。このような中、都の最高指揮官として最も相応しいのは田母神氏だと若者が思うのは自然の姿ではないでしょうか。

戦争とは正義が勝って不正義が負けるものではありません。強い方が勝って弱い方が負ける、優勝劣敗の原則に従います。我が国が大東亜戦争に負けたのは、我が国が不正義だったのではなく、一所懸命戦いましたが、力が及ばなかっただけのことです。

以前の講和条約とは勝った方が負けた方に銃剣を突き付け、領土や賠償金をとり、全てをチャラにし「仲直り」するもので、負けた方を「悪者」にはしませんでした。が、大東亜戦争ではアメリカなどの戦勝国が敗戦国たる我が国を「悪者」にしたのです。

かつては、領土の帰属などは、次の戦争まで有効で、次の戦争で勝ち負けが逆になりますと、領土の帰属も逆転していました。が、大東亜戦争以降、戦争がないことをもって、勝者が銃剣を突き付けて得た七十年も前の利益を持ち出すのはアンフェアです。

このような中、自民党は河野洋平氏の参考人招致すら拒んでいます。また、自民党の石破茂幹事長は二月十日の会見で「田母神氏は、自民党の政策に全面的に賛意を示していた。自民党支持者の一部が流れるのは起こりうることだ」（十一日付朝日新聞）と述べました。が、石破氏は、田母神空幕長の論文が非難された時、『週刊朝日』（平成二十年十一月二十八日）で「私自身は、彼（筆者注・田母神氏）の歴史観とは対極の位置にいます」と述べました。田母神氏の歴史観と対極とは中国、韓国の歴史観です。自民党支持者の少なからずの票が田母神氏に流れたのは自然の姿なのです。

武藤嘉文総務庁長官（肩書は当時、特別な場合を除き以下同じ）が平成八年十一月、自民党本部で開かれた党行政改革推進本部の総会の席上、平成七年秋にオーストラリアを訪れた時、キーティング首相が中国の李鵬首相の「いまのままの日本であれば、三十年もしたらつぶれてしまうだろう」（平成八年十二月九日付産経新聞）との発言を紹介してくれたことを明らかにしました。

平成七年とは「村山談話」を出した年であり、二年前の平成五年には「河野談話」を出しています。脅せばすぐ謝る、脅せばカネを出す、脅せば靖國神社に参拝しない、あわれな状態を見て、つい本音が出たのです。あれから、すでに十九年、残されたのは十一年、「三十年でつぶれる」でなく、「二十年でつぶれる」と言ったとの説もあります。そうであれば後極僅かしか残されていません。今のままでは李鵬首相の言った通りになってしまいます。

このような中、若者が田母神氏に期待した、これが若年層の票が田母神氏に流れた最大の理由ではないでしょうか。今回、若年層に田母神支持が多いことを知って、我が国はこれで立ち直れる、と淡い期待を持ったのは私だけではないでしょう。

四　最高顧問に見放されたが、支持率は五〇％増大

田母神氏に期待が高まる中、田母神氏は平成二十六年十二月に行われた衆院選挙に次世代の党の公認で、東京十二区から立候補し、「自公連立政権が日本をダメにしている。だから自公を分断しなければダメです。次世代の党は、自民党の右側にしっかりとした柱を立てて安倍さんもっとちゃんとやらなければダメではないかという」などと訴えました。

一方、公明党の太田昭宏氏の応援に安倍首相が駆け付け、石原伸晃氏は街頭演説で「石原家は信義を重んじる。太田さんを押し上げようではありませんか」（十二月十日付朝日新聞夕刊）と訴え、実質、石原慎太郎・次世代の党の最高顧問は田母神氏を見放しました。

得票数（全得票数に占める得票率）は、公明党公認、自民党推薦の太田氏が八八、四九九（〇・四一六）、共産党公認の池内沙織氏が四四、七二一（〇・二一〇）、生活の党公認の青木愛氏が四〇、〇六七（〇・一八九）、田母神氏が三九、二三三（〇・一八五）でした。

都知事選の得票率は、自公両党支援の舛添氏が〇・四三四、共産、社民両党推薦の宇都宮氏が〇・二〇二、民主党、生活の党など支援の細川氏が〇・一九六、田母神氏が〇・一二五。太田、池内、青木の三氏の得票率は、舛添、宇都宮、細川の三氏とほぼ同じですが、田母神氏の得票率は知事選の約一・五倍、都民の田母神氏への期待度は五〇％増大しました。

第二章　東日本大震災で自衛隊に助けられ自衛隊を見直した国民

平成二十三年三月十一日に起こった東日本大震災で最も活動したのは、〝陰の総理〟仙谷由人氏から「暴力装置」と誹謗された自衛隊と、北沢俊美防衛相から駐留地を「迷惑施設」と言われた米軍でした。

朝日新聞（平成二十三年四月八日付「社説」）ですら、「災害救援には、組織だった人員と大きな機動力をもつ自衛隊の存在が欠かせない」「長年の日米共同訓練の経験は米軍による『トモダチ作戦』でも生きた」と認めざるを得ませんでした。

軍隊が国家の非常時において最も頼りとなるのは、朝日新聞がいう「組織だった人員と大きな機動力」だけではありません。有事に備えて厳しい軍事訓練と精神教育を行っているからなのです。

政府やマスコミは、東日本大震災は想定を超えるとか、想定外の事態とか称していましたが、国家は、災害よりももっと深刻な事態である周辺諸国からの核攻撃を含む侵攻を想定していなければなりません。

この点を、国民も自衛隊を誹謗し続けた左翼陣営も理解すべきです。

一　朝日新聞すら自衛隊に感謝

自衛隊の派遣人数は約十万七千人、原発にヘリから注水したのも自衛隊、消防車による放水の一番乗りも自衛隊、マスコミは、従来はもっぱら「警察、消防、自衛隊」の順序で報道していましたが、東日本大震災の自衛隊の活躍を目の当たりにして、ようやく一部を除き「自衛隊、警察、消防」と順序を変えました。しかし、「喉元過ぎれば熱さを忘れる」、自衛隊に対する感謝と恩を忘れ、「警察、自衛隊」に戻しているマスコミがあります。

例えば、広島市を襲った土砂災害で救助、捜索に当たる組織を、NHKは「警察、消防、自衛隊」を連発、朝日新聞に至っては、救助、捜索に当たる隊員の姿の写真は、警察官、消防隊員がほとんどで自衛官の姿は僅かでした。これは明らかに自衛官軽視です。それとも権力を持たない自衛隊を無視し、権力機関である警察に擦り寄っているのではないでしょうか。戦前は軍、占領下では占領軍、その後、左翼が強い頃は左翼など、時の実質の権力に迎合するNHKや朝日新聞の「事大主義」の体質を物語っているのではないでしょうか。

このような中、平成二十三年三月十八日付朝日新聞「社説」は、「原発との闘い　最前線の挑戦を信じる」との見出しで次のように述べました。

《ひとたび重大な原発事故が起きたとき、だれが、危険をおかして作業にあたるのか。これまで突っ込んだ議論を避けてきた私たちの社会は、いま、この重い課題に直面している。

軍国主義時代の日本や独裁国家ではない。一人ひとりの生命がかけがえがなく、いとおしい。そこに順位や優劣をつけることはできない。

一方で、誰もが立ち向かえる仕事ではない。電気をつくり、供給することを業務とし、専門の知識と技術をもつ人。一定の装備をもち、「事に臨んでは危険を顧みず」と宣誓して入隊する自衛官。同じく公共の安全の維持にあたる警察官。

もちろん自衛隊や警察にとっては、およそ想定していなかった仕事だ。しかし、事態がここまで進んだいま、私たちは、そうした人たちの使命感と能力を信じ、期待するしかない。

……

私たちは、最前線でこの災禍と闘う人たちに心から感謝しつつ、物心の両面でその活動を支え続けなければならない。》

●自衛隊は想定していた

「もちろん自衛隊や警察にとっては、およそ想定していなかった仕事だ」と決め付けていますが、警察はどうか知りませんが、自衛隊はこのような事態だけではなく、外国からの核攻撃、原発に対するゲリラ攻撃など当然、想定しています。それ故、特殊武器防護部隊を編成して、訓練をし、化学防護車、化学防護衣などを装備しているのです。因みに、防大などの学生、予備自衛官などを除く自衛隊員は「事に臨んでは危険を顧みず、身をもって責務の完遂に努め」との文言の入った宣誓書に署名しますが、警察官、海上保安官、消防官をはじめとし公務員の宣誓書には「事に臨んでは危険を顧みず」との文言はありません。

占領軍から押し付けられた占領憲法を〝平和憲法〟と呼称し、〝平和憲法〟さえ護っていれば、核攻撃を含む戦争はないといい続け、自衛隊の足を引っ張ってきたのが朝日新聞などの左翼です。

●遅すぎる「想定外」の感謝

自衛隊員などに感謝といいましたが、自衛官OBとすれば、「今さら感謝しても遅い」です。私は昭和三十三年に防衛大学校に入校し、平成五年に陸上自衛隊を定年退官するまでの間、朝日新聞から尊敬や感謝をされた記憶はありません。朝日新聞の感謝は、死亡してから生命保険に入り、保険金を得ようとするもので、虫がいい話です。

朝日新聞は過去、自衛隊員を侮辱してきました。例えば、平成九年十一月二十三日付の「社説」で、「あきれ果てた『防衛省』騒動」との見出しを掲げて、「目を覆いたくなるような茶番劇である。省庁再編案作りの土壇場で、自民党内からまたまた噴き出した防衛庁の省への昇格論のことだ」「格上げには害あって利なしである」などと述べていました。省昇格が「茶番劇」とか「害あって利なし」とか自衛隊員に対して無礼千万です。

社説で自衛隊に感謝する前に、今までの無礼を謝罪すべきでしょう。

●乱にて自虐史観を忘れず

「軍国主義時代の日本や独裁国家……」との表現は、我が国を共産党による一党支配国家や、ナチスドイツや北朝鮮のような独裁国家と同列に扱うもので、大きな間違いです。朝日新聞は、原発事故にあっても自虐史観を忘れないのです。

●愛国心を取り戻せ

冒頭で述べましたが、原発事故以上に想定すべき重大事態は、周辺諸国からの侵攻です。中国の軍拡、北朝鮮の核武装は、原発事故とは比較にならない脅威です。朝日新聞は戦前、軍の尻を叩いて、国民の戦意高揚を図ったように、現在の中国や北朝鮮の脅威に対処するため、自衛隊充実の必要性を訴え、愛国心の高揚に努めたらどうでしょう。

以下、国民の大半が自衛隊に感謝したにもかかわらず、相変わらず、反自衛隊から脱却できない左翼の実態を述べます。

二　自衛隊と米軍の不要扱いに反省がない「反日」国民

国家の非常時には軍隊が絶対に必要ですが、その任に当たる自衛隊を憲法違反、税金泥棒、暴力装置、人殺し集団などと中傷、家族を含む住民登録の拒否など、筆舌に尽くし難い侮辱をし、邪魔者扱いしてきたのが左翼陣営で、その体質は現在も変わっていません。

●五十年経っても反省しない大江

ノーベル文学賞を受章した大江健三郎氏は、私が防衛大学校入校直後の昭和三十三年六月二十五日付毎日新聞夕刊のコラムに「ぼくは防衛大学生をぼくらの世代の若い日本人の一つの弱み、一つの恥辱だと思っている。そして、ぼくは、防衛大学の志願者がすっかりなくなる方向へ働きかけたいと考えている」と述べました。

大江氏の働きかけが成功して、防衛大学校の志願者がなくなったり、自衛隊がなくなったりしていたら、東日本大震災の災害救助にも著しく支障が出たでしょう。否、その前に我が国家が中華人民共和国の「日本自治区」となり、チベットやウイグル族と同じようになっていたでしょう。

大江氏の防大生侮辱発言に対して朝日新聞などが「人権侵害」と騒いだ記憶がありません。大江氏や掲載した毎日新聞から謝罪の言葉がありません。東京都議会や国会のヤジ発言に対して騒ぎまくった朝日新聞などはダブルスタンダードです。

因みに、東日本大震災の復旧、復興に指導力を発揮している宮城県知事の村井嘉浩氏も防大卒の元自衛官で、東北方面航空隊（霞目駐屯地、仙台市）のヘリのパイロットでした。

一方、日教組は、職権を濫用して授業中、自衛官の子弟をもいじめました。左翼による自衛官侮辱の実態を述べれば、一冊の本では書き切れませんが、今回は次の二点に絞って述べます。

●特殊武器防護部隊、予備自衛官不要

自衛隊は特殊武器（核兵器、化学兵器、生物兵器）の被害から国民を護るために、特殊武器防護部隊を保持しています。左翼陣営は、現在に至るも、占領憲法を〝平和憲法〟と称し、〝平和憲法〟を護っておれば、日本がいかなる国からも侵略されない、自衛隊がなければ戦争が起こらないなどと主張、自衛隊廃止を叫び、「特殊武器防護部隊」に至っては、自衛隊が核や化学や生物兵器を使用するためのものであろうと誹謗中傷しました。

我が国は、周辺諸国に比べて著しく常備兵力が少なく、かつ退官又は除隊した後、予備役の義務もありません。このため、現役自衛官だけでは対処できない場合を想定し、即応予備自衛官、予備自衛官、予備自衛官補の三つの制度を設けました。

私は陸上幕僚監部第三部の幕僚時代、「予備自衛官」を担当したことがあります。当時、左翼陣営は、予備自衛官は要らない、何の目的で使うのか、などと主張していました。因みに、平成二十六年版「防衛白書」によれば、我が国は、正規軍（現役自衛官）が陸、海、空を合わせて二二・五万人、予備兵力（即応予備自衛官、予備自衛官）が三・七二万人です。次に示しますように、我が国は、正規軍も予備兵力も周辺諸国に比べて極端に少ないのです。

	正規軍	予備兵力
ロシア	八五万	二、〇〇〇万
中　国	二三三万	五一万
北朝鮮	一一九万	六〇〇万
韓　国	六六万	四五〇万

米国　一四九万　　八四万
日本　二二・五万　三・七二万

東日本大震災の原発事故で活躍したのが「中央特殊武器防護隊」です。地震、津波による被災者の救助に現役自衛官を総動員（実質）しましたが、それでも足りないので、即応予備自衛官、予備自衛官に対して初めて召集命令が出されました。

特殊武器防護部隊の出動、即応予備自衛官などの召集が、社民連出身の菅直人首相、江田五月法相、社会党出身の松本龍防災担当相、大畠章宏国土交通相、細川律夫厚生労働相、仙谷官房副長官など、左翼の手によって行われたのは皮肉でした。

振り返れば、地下鉄サリン事件も阪神淡路大震災も社会党の村山富市首相の時に起きました。地下鉄サリン事件の時も、「中央特殊武器防護隊」の前身である「第一〇一化学防護隊」が活躍しました。

●大綱で陸自を削減

中国の軍備拡張が著しい中、菅内閣は「防衛計画の大綱（大綱）」で陸上自衛隊の編成定数を十五万五千人から一千人削減して十五万四千人に、戦車を約六百両から二百両削減して約四百両としました。

東日本大震災で派遣された自衛官約十万七千人のうち、陸上自衛官が約七万人、七四式戦車も原発地域の瓦礫の撤去作業のために駒門駐屯地（静岡）を出発、近くで待機させました。因みに、私が現役時代の陸上自衛官の定数は十八万人、戦車は約一千二百両でした。

閑話休題

私が現役の頃、上司が駐屯地近くの行事に来賓として招かれました。この行事に参列しておられた宮様から上司ら自衛官数人が朝食に招かれました。会食中、宮様から「自衛隊は対核防護訓練をどのようにしているのか」（趣旨）とのご下問があったそうです。宮様が原発事故を想定されておられたか否かは知る由もありませんが、自衛隊の対核防護は大丈夫なのかとご心配しておられたのでしょう。

●日米共同訓練に反対

朝日新聞社説は「長年の日米共同訓練の経験は米軍による『トモダチ作戦』でも生きた」と述べました。この社説を読み、元自衛官の一人として、今さら何を言うかとの思いです。日米共同訓練が米国で行われた場合は、米国は軍民を挙げて大歓迎してくれました。

これに対し、昭和五十八年十一月、仙台駐屯地で行われた日米共同指揮所訓練に東北方面総監部装備課長（一佐）として参加した私は、訓練開始の前と後、米軍人を官舎に招き妻の手料理で歓待しましたが、同年十月北海道で行われた日米共同実働訓練に対して、十月三日付朝日新聞が「日米軍事同盟の強化につながる、と社共両党や総評系の全道労協が反対、九日に千歳市内に全国から約一万人を集め、反対集会を計画している」と報じているように左翼陣営は反対しました。

米軍は東日本大震災で、最大約二万人も駆け付け、日米共同訓練に反対していた日本人も助けてくれました。共同訓練に参加した私にとっては、成果が実り感無量です。

三　自衛官に責任を押し付けた民主党政権

北沢防衛相は、陸上自衛隊と米陸軍の共同訓練の開始式の訓示で「同盟は、外交や政治的な美辞麗句で維持されるものではなく、ましてや『信頼してくれ』などという言葉だけで維持されるものでもない」（平成二十二年二月十二日付読売新聞夕刊）と述べた連隊長を「最高指揮官である総理の発言を揶揄するような表現」（二月十六日付読売新聞）と非難、処分して更迭しました。

また、自衛隊の協力団体の会長が、航空自衛隊入間基地で行われた航空祭の挨拶で、「菅総理は自衛隊の最高指揮官であるが、このような指揮官の下では自衛隊員は身を挺して任務に当たれない」などと述べると、「最高指揮官を自衛隊員の前で誹謗中傷……」したと会長を批判し、現役自衛官と協力団体や元自衛官との交流を絶つ「事務次官通達」を発出させました。

北沢防衛相は「首相が自衛隊の最高指揮官」と言いましたが、菅首相は平成二十二年八月十九日、統合幕僚長、陸、海、空各幕僚長との会合で「改めて法律を調べたら自衛隊に対する最高の指揮監督権を有していた」（八月二十日付産経新聞）と述べました。

北沢防衛相自身も平成二十三年三月十七日記者会見で、原発を冷却するため最も危険な任務だったヘリによる注水作戦について、「首相と私の重い決断を（折木良一）統合幕僚長が判断し、統幕長の決心で実行した」（三月十八日付産経新聞）と述べました。

命令には結果責任があります。注水は極めて危険な任務でありますから、北沢防衛相は最悪の場合を想定して、統幕長が「決心」したと公言したのでしょう。

この北沢発言は極めて重大です。何故なら、「決心」は指揮官が任務達成のためにするものです。統幕長は幕僚ですから指揮権はありません。それ故、防衛相の「統幕長の決心で実行した」との発言は、自衛隊に対する最高の指揮権は統幕長にあって、首相や防衛相にないと述べたに等しいのです。それとも、最悪の事態が生じた場合、責任を統幕長に押し付け逃れる含みを残したのではないでしょうか。

菅首相や北沢防衛相の発言の根底にあるのは、自衛隊員は入隊時、法律に基づいて「……事に臨んでは危険を顧みず、身をもつて責務の完遂に努め、……」と宣誓していますが、首相も防衛相もこのような宣誓をしていないからでしょうか。

平成十五年五月二十日の参院武力攻撃事態への対処に関する特別委員会で、自由党の田村秀昭議員が、小泉純一郎首相に対し、「最高指揮官である内閣総理大臣および防衛庁長官はこの服務の宣誓をやっておられない」と質問しますと、小泉首相は「防衛庁長官にしても総理大臣にしても、職に就けばいつ身を挺してもいいという覚悟で私は職務に当っていると思います」と答えました。だが、宣誓しているのといないのとは大違いです。していないから、北沢防衛相のような発言が出るのではないでしょうか。

どのような組織であれ、トップ（最高指揮官）が命をかけるから、部下に「命がけでやれ」と宣誓させるのです。トップが宣誓するのは当然です。この面からも、宣誓しない首相や防衛相は、指揮官とはいえないのです。

四　存亡の危機にも「反自衛隊」を忘れず

菅首相は平成二十三年三月二十日、防衛大学校の卒業式で「危険を顧みず、死力を尽くして活動を続ける自衛隊員諸君を誇りに思うとともに、彼らを支えるご家族に心からの敬意を表したい」（三月二十一日付産経新聞）と述べ、地震発生から十七日たった二十八日、初めて防衛省を視察して「隊員の皆さんを誇りに思う」（三月二十九日付産経新聞）と挨拶しました。国家存亡の危機に、自衛隊が約十万七千人を動員して任務を遂行している最中であり、このように言わざるを得なかったのでしょう。

しかし、菅首相は、言葉とは裏腹に、平成二十三年三月十七日、官房長官の時、自衛隊を「暴力装置」と愚弄した仙谷氏を官房副長官に起用しました。「暴力装置」発言に対して前年の十一月十八日の参院予算委員会で、自民党の丸川珠代議員から見解を求められますと、「私からもお詫びを申し上げたいと思います」としぶしぶ謝罪しました。が、当初は「表現はや、や問題があった」（傍点筆者）と述べていました。つまり、菅首相も自衛隊に対して仙谷氏と同様の意見の持ち主なのでしょう。

北沢防衛相も、丸川議員から「暴力装置」発言に対する見解を求められました。自衛隊員の立場になり、仙谷氏に痛烈に抗議すべきが筋ですが、「まことに残念なことでありました」と述べただけです。「陰の総理」である仙谷氏に迎合した、保身に走る発言です。

もう一つ許し難いことは、朝夕「君が代」吹奏の下、「日の丸」に敬礼する自衛隊と一八〇度違う立場の辻元清美衆院議員を、自衛隊が総力を挙げて救援活動に当っている最中、災害ボランティア担当の首相補佐官に起用したことでしょう。

辻元氏も従来から「反自衛隊」で、かつ国旗国歌法案にも反対し、「日の丸」「君が代」を「『自自公（筆者注・自民、自由、公明）の旗』や『自自公の歌』を作っているようなものだ」「制定するなら新しい旗や歌がいい」（平成十一年七月二十二日付朝日新聞）と述べ、「日の丸」「君が代」を誹謗していました。

菅首相も国旗国歌法案について、かつて「天皇主権時代の国歌が、何らかのけじめがないまま、象徴天皇時代の国歌になるのは、国民主権の立場から明確に反対した方がいい」（平成十一年七月二十三日付朝日新聞）と述べていました。

被災地に菅首相が行けば、罵声を浴びたりもします。が、天皇、皇后両陛下がお見舞いされると、国民は涙を流して感激します。これが日本国民の姿です。「何らかのけじめがないまま」とはどういう意味なのでしょうか。日本国の首相として、国民に説明すべきでした。

菅首相は、表面上は「自衛隊員を誇り」と言いながら、左翼思想の同志である仙谷氏や辻元氏を、震災のドサクサ紛れに起用したのです。左翼による「無血革命」と言えます。

この期に及んで、このような人事を行う本質的原因は、菅内閣の頭にあるのは「市民」で、「国家」、「国民」がないからでしょう。

その何よりの証拠に、菅首相、枝野幸男官房長官、江田法相、松本防災担当相、大畠国土交通相、海江田万里経済産業相、細川厚生労働相、福山哲郎官房副長官などが国旗国歌法案の反対者です。また、菅内閣では、一人の大臣も靖國神社に参拝しませんでした。国旗国歌法案反対者が、国家の非常時に、国家的立場から国民をリードできなかったのではありませんか。

五　「危機」にあっても「乱」を忘れる

災害の救援、復興の最中、一時も忘れてならないことがあります。

我が国の災害を奇貨として、ロシアが戦闘機や電子偵察機や電子戦機を我が国領空へ急接近させ、中国も警戒監視中の海上自衛隊の護衛艦に対して、国家海洋局に所属するヘリや小型の固定翼機を異常接近させるなど、領空接近を繰り返しました。

他国の弱点をついて侵攻するのは想定内のことです。中ロ両国が我が国への侵攻を控えているのは、日米同盟のお陰です。だが、米国だけに頼ってはいけません。

周辺諸国から核攻撃を受ければ、被害は原発事故の比ではありません。政治家たる者、「非核三原則」などを叫ばず、「核抑止力」の必要性を肝に銘じるべきです。核攻撃を受けて「想定外」とは言わないでもらいたいと思います。

北沢防衛相は平成二十三年四月五日の閣議後、記者団に「被災地の自衛隊員十万人態勢を今後も続ける」（四月六日付読売新聞）と言明しました。だが、被災当初の救助や支援は自衛隊以外の組織は難しいが、ある程度時が経てば自衛隊以外でもできます。国防は自衛隊しかできません。東日本大震災の時、国の防衛に大穴が開いていました。

もう一つ見逃せないことは、五百旗頭真防大校長の復興構想会議議長就任です。防大校長は、幹部自衛官となるべき者の教育訓練をつかさどる防大の最高責任者です。本務に全精力を集中すべきであり、兼業に精を出す余裕はないはずです。起用した菅首相、受け入れた五百旗頭氏ともに無責任。特に五百旗頭氏は使命感を欠いており、防大校長として極めて問題でした。といいますのは校長が副業に精を出している間に、防大生が保険金詐欺を始めだしていたのです。この件については第八章で詳述します。

六　占領下でも活躍した〝予備自衛官〟

敗戦から二年十カ月後の昭和二十三年六月二十八日夕刻、「福井地震」が発生、死者・不明者が三千七百六十九人（平成八年八月三十一日付産経新聞）に達しました。当時、私は小学校四年生で、福井県との県境近くの石川県大聖寺町（現加賀市）に住んでいました。

母は私より十歳下の弟を出産して四日目、当時は自宅で出産でしたが、我が家は倒壊せず、父、母、五人の子供、家族七人は無事でした。だが、父の姉の小学校六年生の男の子、父の妹とその幼児、母の姉が犠牲となりました。

余震が頻繁で家に入れません。避難場所もなく、しばらくの間、裏の畑や農道で暮らしました。当時、軍隊は解体、自衛隊もなく、占領下で主権もなく、在日から「わしらは三等国、お前らは四等国」と言われ、国家は貧乏、支援要員や物資を送る余裕はほとんどありませんでした。しかし、当時、男の多くは兵役を終えており、現在に当てはめれば、除隊した「予備自衛官」、被災者であり救援者でもあり、互に助け合った記憶があります。

余震の合間に家に入り、布団、七輪、僅かな食糧などを持ち出し、炭や薪や近くから拾い集めた木の屑などを燃料にして、鍋や飯盒で炊飯、産後の母も「戦力」として家族七人の炊事、川で洗濯を行いました。ミルク、牛乳などあろうはずがなく、水は井戸水、トイレは汲み取り式、野原に掘った穴も使い、生後間もなくの弟は僅かの食べ物しか口にできない母の母乳だけが頼りでしたが、六月末という暖かさが幸いし、身長一メートル八十センチ余りの大男に育ちました。

一カ月ほど経って、米軍から肉の缶詰、チョコレート、乾パンがなど届きました。缶詰もチョコレートも生まれて初めて口にしました。世の中にこのような美味いものがあったのかと驚き、戦争でアメリカに勝てなかったのは仕方がなかったのだと子供心に理解できました。

第三章　「漁船」と「イージス艦」衝突事故で自衛隊を正当に評価した裁判所

本章は、月刊誌『正論』（平成二十五年九月号）に掲載された拙論・「当直士官の敵は防衛省だった？」を減筆、加筆したものです。

平成二十年二月十九日午前四時〇七分頃、漁船「清徳丸」と海上自衛隊イージス艦「あたご」が衝突、漁船の父と子が死亡した事故で、業務上過失致死と業務上過失往来危険の罪に問われ一審無罪とされた、衝突時の当直士官・長岩友久三佐と衝突直前の当直士官・後潟桂太郎三佐の控訴審判決公判が平成二十五年六月十一日、東京高裁で開かれました。

井上弘通裁判長は、「あたご側に衝突回避義務はなく、両被告の過失は認められない」（六月十二日付産経新聞）として、一審判決を支持、検察側の控訴を棄却しました。判決を受けた検察は二十五日、上告を断念、無罪が確定しました。

事故直後から朝日新聞、海上保安庁などは、海上自衛隊を「海軍」と認めず、イージス艦を「軍艦」ではく、「海賊船」並みに扱い、事故原因の全く不明の段階から一斉にイージース艦だけに回避義務があるがごとく、「あたご」と海上自衛隊を叩きまくり、驚くべきは、防衛省までがマスコミなどに迎合、前途有為な二人の三佐を糾弾しました。

このまま進めば、従来のように、裁判所は二人の士官に有罪を言い渡すであろうと多くの国民は推測しました。が、裁判所の判断は逆でした。

一　〝冤罪〟の尖兵・朝日新聞

新聞各紙は「あたご」を非難しました。特に酷かったのは朝日新聞です。衝突事故を奇貨とし、総力を挙げて社説を中心に自衛隊の組織を叩きました。次はそのごく一部です。

●「なぜ避けられなかったか」「防衛省は昨年の『省』昇格以来、元次官の汚職、インド洋での給油量の隠蔽疑惑、護衛艦の中枢部分がほぼ全焼した原因不明の火災など、問題続きである。こんなことでは、国民の信頼が失われ、自衛隊の存立の基盤そのものが揺らぎかねない」（平成二十年二月二十日付「社説」）

●「あたごは1400億円を投じた最新鋭艦で、自衛隊でも最強の一隻といえる。国民を守るべき高価な楯が、同胞に災厄を及ぼしては悲しすぎる」（同日付「天声人語」）

●「最新鋭の自衛艦の上で、乗組員はいったい何をしていたのか。漁船を見つけた見張り員は、当直士官やレーダー員にすぐ伝えたのか。漁船がどう動くか、きちんと目配りを続けていたのか」「自衛隊は事故にかかわる情報を包み隠さず、洗いざらい公表すべきだ。国防の重要性を楯に組織防衛をすることは許されない」（二月二十二日付「社説」）

●「防衛相は何をしているのか」「海上自衛隊が防衛相にも情報を隠しているのか。それとも海上自衛隊のあいまいな対応に防衛相がつきあっているのか」（二月二十七日付「社説」）
●「防衛省の混迷」「首相が最高指揮官だ」「政府がまずやるべきことは、事故だけでなく事故後の防衛省、自衛隊の対応も含めて情報を洗いざらい明らかにすることだ。……関係者にも早急に責任をとらせなくてはならない」（二月二十九日付「社説」）
●「ハワイのミサイル防衛の訓練に疲れ、艦長が居眠りしている間に千分の一の『親子船』を撃沈してしまうとは！」「防衛省は『省』を返上して、『庁』に戻って顔を洗って出直しますと言うべきではないか」（三月三日付、「朝日新聞社コラムニスト、早野透氏のコラム」）
●「こんなにお粗末とは」「ある程度予想はしていたが、信じられないほどの組織のたるみである」「大事なのは、事故を生んだ構造的問題にメスを入れることだ。最新鋭のハイテクに頼り切りで、隊員の士気や練度に問題はないか。米軍の戦略上の要請に応えるために、使いこなせない装備を抱えていないか。……そうしたことを厳しく点検し、改めない限り、今回のようなお粗末な事故はなくならない」（海幕長の更迭を受け、三月二十二日付「社説」）
●「そもそも双方の位置関係から、衝突回避の一義的な義務はイージス艦側にあった」「今回の乗組員だけが、たまたま注意を怠ったとは思いにくい。たるみは、海上自衛隊の組織全体に広がっていたと考えるべきだろう」（六月二十六日付「社説」）
「『庁』に戻って顔を洗って出直せ」「信じられないほどの組織のたるみ」「使いこなせない

装備を抱えていないか」などは、内外からも精強の誉れが高い海上自衛隊に対し極めて無礼、罵詈雑言ではないでしょうか。「衝突回避の一義的な義務はイージス艦側にあった」と述べましたが、裁判所の見解は正反対です。「あたご」の艦長以下に謝罪すべきです。

産経新聞は「海自は緊張感欠いている」「いずれの過失かは不明だが、国民の生命、財産を守るべき海自が事故を起こしたことは言語道断で、責任はきわめて大きい」「同時に生命を犠牲にして任務を果たしてきた自衛官を国家がきちんと遇してきたかという問題もある」（二月二十日付「主張」）と自衛隊を非難しつつも、「いずれの過失かは不明」「自衛官への敬意」も併せ述べていました。

二　福田首相、石破防衛相、防衛省の士官叩き

自衛隊以外の組織、つまり普通の組織では官民に関係なく、事故原因が不明の段階では、上司は部下を庇います。しかし、福田康夫首相、石破茂防衛相、防衛省までが艦長や当直士官を糾弾しました。マスコミの自衛隊叩きに迎合したもので、保身のためだと言われても仕方がありません。

①福田首相

●二月二十一日配信の「福田内閣メールマガジン」で、「国民の生命を守るべき自衛隊が、

このような事態にいたったことが悔やまれてならない」「緊急事態に常に備えるべき自衛隊の艦船が漁船と衝突するという事態は、やはり緊張感が欠けていたとのそしりを免れない」(平成二十年二月二十一日付朝日新聞夕刊)

●三月二日、清徳丸船長の親族らと面会し「とんだことをしてしまって……」「人生があるのにこういうことになってしまって。こういうことは二度としません」(三月三日付朝日新聞)

②石破防衛相

二月二十一日、家族らに「大臣として大きな事故を起こしてしまったことをおわびしたい」(二月二十二日付産経新聞)、漁協の組合長と千葉県知事に対して「大変にお騒がせして、ご迷惑をおかけしました」(同日付読売新聞)

石破防衛相は、吉川栄治海幕長を同行謝罪させ晒し者にし、一カ月後、減給処分にした後更迭、自身は大臣給与の二カ月分(約三十二万円)を国庫に返納してお茶を濁しました。

防衛副長官の時も、沖縄で起きた南西航空混成団所属の二等空尉による少女暴行事件の際、航空幕僚長を同行して謝罪させました。自衛官トップを晒すのは石破氏の常套手段です。

③防衛省

防衛省は平成二十年版「防衛白書」で、「護衛艦『あたご』と漁船『清徳丸』との衝突事案について」との見出しを掲げて次のように述べました。

《本年二月十九日に発生した護衛艦「あたご」と漁船「清徳丸」との衝突事件は、護衛艦が一方の当事者となって、二名が乗船する漁船を転覆させたものである。（傍点筆者）……

事故発生後、直ちに「海上自衛隊事故調査委員会」を設置……三月二十一日（筆者注・当時の防衛相は石破氏）には、それまでの調査で明らかとなった内容について、捜査に支障のない範囲で公表（筆者注・「中間報告」）し、「あたご」全体の対応について、

①衝突前の見張員の配置やＣＩＣ（筆者注・戦闘指揮所）の当直員の配置状況も含め、艦全体として周囲の状況などについて見張りが適切に行われなかった。

②「清徳丸」を右舷に見ていることからして、「清徳丸」が「あたご」の右側から近接した可能性が高く、そうであれば「あたご」に避航の義務があったが、「あたご」は適切な避航措置をとっていない。また、衝突直前に「あたご」がとった措置は、回避措置として十分なものではなかった可能性が高い。》

マスコミに煽られ、慌てふためき、早急に過失を認めたこの報告が、海保の送検、検察の起訴に影響を与えたことでしょう。後潟、長岩両三佐は無罪判決を受け、海保と検察を非難しましたが、本当に非難したかったのは石破氏と海幕や内局の高級幹部ではなかったのでしょうか。

三　海保が海自を捜査する「珍現象」

国際的には、海上自衛隊は「海軍」であり、海上保安庁は「沿岸警備隊」です。沿岸警備隊員に海軍軍人を取り調べさせている国はほとんどありません。しかし、海保の巡視船と海自の護衛艦が、護衛艦と漁船が衝突すれば、捜査するのは海保であって海自ではありません。国内で海自を「海軍」と認めていないから起こる「珍現象」なのです。

「沿岸警備隊」たる海保が、職権を笠に着て「軍艦」に乗り込みますから肩に力が入りすぎ、無理な捜査をします。これが今回のような〝冤罪〟が生じる原因になるのではないでしょうか。

●第三管区海上保安本部（横浜市）の島崎有平本部長は平成二十年二月二十一日の定例会見で、海保への通報が事故発生から十六分後だったことについて「（通報が早ければ）少なくとも十数分は早く立ち上がれた。早期発見の可能性はその時間の分だけ大きくなった」（二月二十二日付朝日新聞）と海自を非難しましたが、海保に非難する資格はありません。

この事故から二年余り経った平成二十二年八月、第六管区海上保安本部のヘリコプターが墜落して五人が死亡した事故で、「パトロール中だった」と発表しましたが、事故から一日以上も経って、「デモンストレーション飛行」だったことを認め、組織的隠蔽が明らかになりました。海保が絡んだ事故の捜査は海自でなく、海保です。海保は他の組織から捜査を受けることがないから、思い上がっているのではないでしょうか。

●冬柴鉄三国土交通相は平成二十年二月二十六日の会見で、防衛省が海保に連絡しないで「あたご」の航海長らから事情聴取していたことに対して、「捜査権限がある私どもの了解を得てやるのが筋」（二月二十七日付産経新聞）と不快感を示しました。

防衛省が航海長から聴取したのが何故悪いのですか。聴取するのが当然ではないですか。

●別の職員（筆者注・海保の）は「組織としては内部の聴取をやらなければならなかったのだろうが、うちの上層部は無断で聴取されたことを許さないだろう」（二月二十七日付朝日新聞夕刊）と述べました。海保職員の「許さない」との発言こそ「許し難い」発言であり、海自に対して極めて無礼です。このような思い上がった姿勢が〝冤罪〟を招くのです。

●第三管区海上保安本部は平成二十年六月二十四日、二人の三佐を書類送検しましたが、裁判では「第三管区海上保安本部が取り調べのメモを破棄していた」（平成二十三年五月十一日付朝日新聞夕刊）と非難されました。

四　横浜地検の起訴、防衛省の処分、士官の反論

●起訴

検察は平成二十一年四月二十一日、後潟三佐と長岩三佐を業務上過失致死と業務上過失往来危険の罪で在宅起訴、防衛省は起訴を受けて、二人を休職にしました。

●懲戒処分

防衛省は起訴から一カ月後の五月二十二日、「海上自衛隊艦船事故調査委員会」による調

査結果（事故調査報告書）を公表、舩渡健一佐と長岩三佐の停職三十日、後潟三佐の停職二十日など乗組員三十八人を処分しました。船渡一佐らの処分は生涯傷付く重処分です。裁判で有罪になるものと予想した処分ではなかったのでしょうか。

●初公判

検察は平成二十二年八月二十三日の初公判の冒頭陳述で「清徳丸を右前方に確認していたあたごには、海上衝突予防法の規定で衝突回避の義務があった」「後潟被告はレーダーなどで漁船三隻を確認していたが、表示を見誤って、当直交代時に長岩被告に対し、『漁船は停止操業中』などと誤った情報を引き継いだ」（八月二十四日付産経新聞）と述べました。

これに対して、後潟三佐は「検察側の主張する航跡図は真実と全く異なる」（同）、「事故が政局化する中で、ゆがんだ捜査が行われた。当直の引き継ぎで長岩三佐を混乱させたことはない」（八月二十三日付朝日新聞夕刊）、長岩三佐は「私はその都度、適切に措置、適切な判断をしていた」「作られた過失で刑事責任を問われるいわれはない」（八月二十四日付産経新聞）、「道義的責任を感じている。しかし、（検察が主張する）航跡図は私の過失を作り上げるための虚構だ」（八月二十三日付朝日新聞夕刊）と述べました。

●求刑

検察は平成二十三年一月二十四日、論告求刑公判で、三佐二人に「二人の責任は明らか」（一月二十五日付産経新聞）と過失を主張し、両士官が起訴内容を否認していることについて「自分たちがミスを犯すはずがないという過信が透けてみえる。この過信こそが事故を招いた最大の原因」（同）と厳しく非難して禁錮二年を求刑しました。

●最終弁論と最終意見陳述

平成二十三年一月三十一日、弁護側の最終弁論と両三佐の最終意見陳述が行われ、後潟三佐は「検察側が主張する航跡は全くつじつまが合わない」（二月一日付読売新聞）、長岩三佐は「正しい航跡を認定したうえで、私の過失について判断してほしい」（同）と訴えました。

五　横浜地裁の無罪判決

横浜地裁の秋山敬裁判長は平成二十三年五月十一日、「衝突の危険性を発生させた清徳丸側が、あたごを回避する義務を負っていた」（五月十二日付産経新聞）などとして、両三佐に無罪を言い渡しました。判決理由で、検察側が刑事責任の根拠として主張する清徳丸の航跡図について、「航跡特定に当たり証拠の評価を誤ったと言わざるを得ず、信用性に欠ける」（同）と指摘し、「あたご側が回避義務を負っていたとは認められない」「清徳丸が回避行動を取ることなく、あたごに衝突した」（同）などと判断しました。

判決を受け、二人の士官は記者会見し、次のように述べました（五月十二日付各紙）。

●後潟三佐

「正すべきことは正すというスタートの日だ」（朝日新聞）、「（厚生労働省元局長・村木厚子さんの無罪が確定した）郵便不正事件のような信じられない捜査がいっぱいあった。控訴する前に、公判記録を読み返してもらいたい」（読売新聞）、「（判決を聞き）怒り、悲しみ、感謝といろいろな気持ちがない交ぜになった」（毎日新聞）、「避けるべきだと考える原因がなかった」「多くの人の力を借りなければ、闘えなかった。過ぎた友人と家族に恵まれた」（産経新聞）

●長岩三佐

「真実に向き合わず、我々を断罪してきた海上保安庁や地検などは今後責められるべきだ」（朝日新聞）、横浜地検の捜査について「彼らは捜査のプロなのに、平気でうそをついていた。許せない」（読売新聞）、「無罪を確信していたが、一抹の不安はあった。無罪と聞き、ほっとした」（毎日新聞）、「主張がおおむね認められ、勇気ある判決」「私が置かれた状況では回避できなかった」（産経新聞）

通常、無罪判決が出ますと、マスコミは「冤罪」と大きく報道します。

例えば、朝日新聞は、村木元厚生労働省局長の無罪判決では「特捜検察による冤罪だ」（平成二十二年九月十一日付「社説」）、布川再審無罪判決では「検察に改めて問う正義」（平成二十三年五月二十五日付「社説」）と検察を厳しく非難しました。

だが、衝突事故の判決では「無罪でも省みる点あり」「判決にも大きな疑問がある」（五月十三日付「社説」）と、無罪を言い渡した地裁を非難しました。

読売新聞も村木元局長の無罪判決を受けて「検察はずさん捜査を検証せよ」（九月十一日付「社説」）と検察を非難しましたが、二人の士官の無罪判決を受け五月十二日付「社説」で「無罪は事故の免罪符ではない」と自衛隊を非難しました。

朝日新聞も読売新聞も、二人の士官判決と村木判決についての社説は百八十度違います。典型的な二重基準（ダブルスタンダード）で、報道機関の自殺行為ではないでしょうか。

一方、産経新聞は士官の無罪判決を受け十二日付「主張」で「指弾された恣意的な捜査」との見出しを掲げて「刑事裁判で、被告となった当直責任者らは検察側主張の矛盾を指摘し続けたが、激しい自衛隊バッシングのなかでほとんど顧みられなかった」「捜査段階のメモが破棄されていたことなども表面化した。判決は僚船船長の調書を『恣意的』と批判した」「自衛隊と民間との事故では、十分な検証を待たずに自衛隊側が指弾されることが少なくない」と述べていました。

横浜地検は、東京高裁に控訴し、加藤朋寛次席検事は「横浜地裁の判決には、明らかな事実誤認があり、控訴して是正を求める必要があると判断した」（五月二十六日付産経新聞）と述べました。

控訴を受け、後潟三佐は「一審で検察側は何を立証し得たのか。検察側の主張には、一審判決で認められた部分はなかった。真実は一つだ」（同）、長岩三佐は「（検察側の）虚構が復活することは絶対にない。自らの落ち度を認めず、まだ（裁判を）やるのか、と残念な気持ちだ」

（同）と反論しました。

厚労省は、検察が控訴を断念、無罪確定を受けて、村木元局長を復職させましたが、防衛省は、検察が控訴した日に、二人の士官を復職させました。停職処分にした士官に対する地裁の判決は、予想に反し無罪、慌てふためいたのではないでしょうか。

六　東京高裁も無罪判決

東京高裁の無罪判決を受けて両三佐、海上幕僚長、検察は次のように述べました。

●後潟三佐

「まっとうに捜査していれば、こんなことにならなかったはずだ」（六月十二日付朝日新聞）、「防衛省の事故調査報告書やあたご側関係者の処分は見直されると思う」（同日付産経新聞）、「控訴審に二年以上もかける必要があったのか」（同日付読売新聞）

●長岩三佐

「何のための控訴審だったのか。非常に憤りを感じる」（六月十二日付朝日新聞）、「海保、検察が主張した航跡の虚構は二審でも真実とはならず、安心した」（同日付産経新聞）、「検察には体面を保つだけの上告はやめてもらいたい」（同日付読売新聞）

●河野克俊海上幕僚長（事故発生時の海幕防衛部長、平成二十六年、統合幕僚長に栄進）

「民間人の方二名が亡くなるという事故の一方の当事者が組織である海上自衛隊という事実に変わりはありませんので、再発防止に万全を期す考えであります」と歯切れの悪いコメントをしました。

海幕長には喜びがなく、二人の士官に対する労いの言葉もありません。部下から見れば寂しい上司です。喜べない理由は「事故調査委員会」の「調査報告書」で、裁判所が過失なしと認定したことに対し、両三佐らの過失を認め処分していたからでしょう。

●東京高検の青沼隆之次席検事

「主張が認められず残念。判決内容を十分に精査・検討し適切に対処する」（六月十二日付産経新聞）と述べました。

七 上告断念、無罪確定も謝罪なき検察と海保

検察が上告を断念、無罪が確定し、検察、防衛相、両士官は次のように述べました。

●検察

「上告を求める遺族の意向も踏まえて判決内容を検討したが、適法な上告理由が見いだせなかった」（六月二十六日付産経新聞）と述べました。

しかし、裁判はゲームではありません。被告にとっては命懸けです。判決直後、「主張が

認められず残念」と発言しましたが、上告を断念した時点で、「長期間、両士官を苦しめて、申し訳ありませんでした」と謝罪すべきではないでしょうか。

●小野寺五典防衛相

処分の見直しについて「上告せずということになれば無罪が確定するということになりますので、そのことが確定した段階で検討をしていきたいと思っております」

●後潟三佐

「いろいろな方々に助けられ、闘い続けてよかった」（二十六日付朝日新聞）

●長岩三佐

「弁護団、友人、家族が支えてくれたことを感謝します」（同）、「自分がなぜ起訴されなければならなかったのか理解できない。検察には公益の代表者として襟を正してほしい」（同日付産経新聞）

八　無罪確定後も処分を撤回しない防衛省

二人の三佐に対する報道、捜査、起訴、処分は、従来のマスコミの「報道基準」に当てはめれば、〝冤罪〟です。何故、〝冤罪〟が生じたのでしょうか。何故、防衛省は処分を撤回しないのでしょうか。

●〝冤罪〟を招く自衛隊叩き免罪符

既述しましたように、一審無罪を受けて産経新聞（主張）は検察を批判しましたが、朝日新聞（社説）、読売新聞（社説）は裁判所や自衛隊を批判しました。

二審無罪判決や無罪確定を受け、朝日新聞や読売新聞は今度こそ「社説」で、検察の捜査を非難するかと思えば、「無罪判決」や「無罪確定」という事実を報道しただけです。大々的に自衛隊を叩いた〝大罪〟はどうなるのでしょうか。自衛隊をどのように叩いても、名誉毀損で訴えられることはないという安易さが、〝冤罪〟を生んだのではないでしょうか。

●軍法会議の必要性を痛感

主要国では、軍人らの刑事裁判は軍法会議（軍事裁判所）が行います。我が国では、自衛隊員の刑事裁判は特別な場合を除き警察や海保が捜査。検察が捜査・起訴・求刑、裁判所が判決します。法律に基づき「事に臨んでは危険を顧みず、身をもつて責務の完遂に努め」と宣誓している自衛官（軍人）を「……危険を顧みず、身をもつて……」と宣誓していない公務員が裁くのです。

海保による海自の捜査を脇から見ていますと、海自を目の敵にしているように思えてなりませんでした。すでに述べましたが、「うちの上層部は無断で聴取されたことを許さないだろう」との思い上がった海保職員の発言がその一端を物語っています。

検察官は軍艦を動かした経験はなく、航跡図は海保の作ったものを前提にせざるを得ません。だから横浜地裁から「航跡特定に当たり証拠の評価を誤ったと言わざるを得ず、信用性に欠ける」と指摘され、東京高裁も航跡図を否定しました。

軍務に服したことがなく、兵器を扱ったことがない、〝非軍人〟が〝軍人〟を裁いても〝軍人〟は納得できません。自衛官の立場になれば、〝軍〟を熟知している自衛官からの裁きであれば、「有罪」になっても、納得して刑に服することができます。

その一方、今回の衝突事故で、味方の筈の防衛省が、過失がなかった士官を処分し、裁判所は防衛省が処分した士官を無罪にしました。自衛隊員の名誉と人権を守るために、第三者機関としての最高裁判所に上訴する権利を隊員に与えるべきだと認識させられました。

●防衛省幹部は見放し、救ったのは高校の同級生

防衛省は、高裁が「あたご側に衝突回避義務はなく、両被告の過失は認められない」とした乗組員を処分していたのです。厚労省は、起訴された村木氏を休職にしましたが、処分はしませんでした。それ故、復職後、事務次官に昇進させました。防衛省の三流官庁ぶりは「庁」時代と変わりません。

『孫子』（兵法）に「帥《ひき》いて之と期すること高きに登って其の梯を去るが若し」とあります。つまり「将たる者、部隊を率いて、部下と必勝を期すためには、退路を断つため、部下と共に高所に登って梯を外すようなもの」という意味です。衝突事故に対する福田首相、石破防衛相、海幕や内局の高級幹部は、部下だけを高所に登らせ、自身は登らないばかりか、梯を

外して下から火をつけたようなものです。処分を受けた隊員は納得していないでしょう。『正論』（平成二十五年九月号）に掲載された拙論を読んだ見ず知らずの方から『正論編集部』を通じて手紙を戴きました。この方はほとんどの公判を傍聴されており、戴いたお便りにより、二人の弁護に当ったのは、後潟三佐の母校灘高校の四人の同級生弁護士であったことを知りました。そして、公判中の二人の士官の言動、態度を称賛し、検察官、海上保安官を厳しく批判しています。

このお手紙を拝見して、後潟三佐が、防衛省ではなく、「多くの人の力を借りなければ、闘えなかった。過ぎた友人と家族に恵まれた」「いろいろな方々に助けられ、闘い続けてよかった」と述べた意味が理解できました。

その一方、小野寺防衛相は、処分の見直しについて「検討をしていきたいと思っておりま す」と述べましたが、無罪確定から九カ月半も経った平成二十六年三月二十八日、ようやく見直しを発表しました。三月二十九日付朝日新聞によれば、後潟三佐を停職一日、船渡元一佐（すでに退官）と長岩三佐を停職五日にし、十人の処分を撤回です。

無罪確定から見直しまでに九カ月半、防衛省は何をしていたのでしょうか。かつ、裁判所が「あたご側が回避義務を負っていたとは認められない」「清徳丸が回避行動を取ることなく、あたごに衝突した」などと漁船側に責任があり、無罪と判決した士官などの処分を撤回せず、停職の日数を短くするという姑息な行動をとりました。

撤回しない理由を私なりに以下のように推測してみました。

平成二十四年、民主党政権下の時、石破氏が著書『国難』（平成二十四年、新潮社）を出版しました。出版時期は横浜地裁が無罪判決した後です。著書の中で石破氏は「二〇〇八年二月一九日、海上自衛隊のイージス艦『あたご』が房総半島沖で民間漁船に衝突し沈没させ、漁船に乗っていた親子二人が行方不明になってしまったのです」「『あたご』を民間漁船にぶつけてしまった時から……」（傍点筆者）と述べています。つまり、地裁の無罪判決以降においても「あたご」を悪者扱いしているのです。これでは自衛官は浮かばれません。

高裁の無罪判決を受け、検察が上告断念した時は、石破氏は与党の自民党の幹事長です。処分を撤回すれば、イージス艦の乗組員を〝悪者〟にした当時の福田首相、石破防衛相、海幕や内局の高級幹部に責任が及ぶからでしょうか。もし、無罪確定が民主党の野田内閣の時であれば、処分を撤回したのではなかろうかと思ってしまいます。

現実に集団的自衛権の行使となれば、「行使」に当るのは政治家や官僚ではなく、自衛官です。今回の防衛省の姿勢では、国の内外で命を懸けて任務を遂行している自衛官が、大臣などの政治家や、海幕や内局の高級幹部を信用しなくなり、国家防衛に重大な支障をきたします。

防衛省は、直ちに処分を取り消し、懲戒権者の責任、隊員の遡っての昇進、退官者の名誉回復、防衛白書や事故調査報告書の書き直しなども必要です。自衛隊や士官を〝悪者〟にした福田首相、石破防衛相は、自らを処すべきは言うまでもありません。が、謝罪の言葉すら聞きません。

漁船と「あたご」の衝突が起きたのは平成二十年、東日本大震災は平成二十三年三月、横浜地裁の無罪判決は平成二十三年五月、東京高裁の判決が平成二十五年です。東日本大震災を境にして、国民の自衛隊を見る目が変わり始め、従来のように自衛隊さえ悪者にしておけば安心とは行かなくなり、普通の国に少しばかり近づいた感があります。それに気付いていないのが朝日新聞などの左翼マスコミ、官僚、政治家なのではないでしょうか。

第四章　元大臣を尻目に、元統幕議長を「勲一等」に

一　画期的な勲一等

国家が自衛官の任務に見合う処遇を与えていないものが沢山あります。その代表的な例の一つが勲章です。

我が国政府は、アメリカの大将には勲一等旭日大綬章を授与してきましたが、自衛官の最高位の統合幕僚会議議長（現、統合幕僚長）経験者には勲二等しか授与しませんでした。それもほとんどが下位の瑞宝章です。現在は瑞宝重光章となりました。

旧軍では連合艦隊司令長官には勲一等旭日大綬章を授与しましたが、これに相当する海上自衛隊の自衛艦隊司令官経験者には瑞宝中綬章（旧、勲三等瑞宝章）です。勲三等とは旧陸海軍や外国軍の大佐に与えている勲章です。例えば、乃木希典大将にも大佐の時に勲三等旭日中綬章を授与しています。

因みに、「村山談話」を発表した村山富市元首相、「河野談話」を発表した河野洋平氏には、桐花大綬章（旧、勲一等旭日桐花大綬章）、日露戦争の奉天会戦でロシアを撃破した満洲軍の総参謀長・児玉源太郎大将や旅順を攻略した乃木大将と同じ勲章です。

平成十一年、航空自衛隊の練習機が墜落し、パイロット二人が眼下の住宅地への墜落を避け、郊外の河川敷に飛行機を誘導して殉職、二佐（中佐）が将補（少将）に、三佐（少佐）が一佐（大佐）に特別昇任しました。勲章が授与されたのは一年後で、勲四等瑞宝章です。平成八年、ペルーの日本大使公邸がテロリストに占拠され、翌年ペルー軍が突入して事件が解決しました。この際、中佐が戦死して大佐に特別昇進しました。我が政府はこの大佐に勲三等旭日中綬章を授与しました。

自国の将補（少将）に勲四等、おかしいではないでしょうか。当時、賞勲局に電話して「外国の大佐には勲三等、自衛隊の少将には勲四等とはおかしいのではないか」と質しますと、「防衛庁からの上申が勲四等です」との答えが返ってきました。賞勲局担当者の答えが真実であれば、防衛庁が自ら卑下していることになります。

生存者叙勲について述べますと、平成二十六年春ようやく自衛隊の元統合幕僚会議議長に瑞宝大綬章（旧、勲一等瑞宝章）を授与しましたが、陸上幕僚長、海上幕僚長、航空幕僚長たる将には瑞宝重光章（旧、勲二等瑞宝章）、陸上自衛隊の方面総監、師団長、海上自衛隊の自衛艦隊司令官、護衛艦隊司令官、潜水艦隊司令官、航空自衛隊の航空総隊司令官、航空方面隊司令官などには瑞宝中綬章（旧、勲三等瑞宝章）、将補とごく一部の限られた一佐に瑞宝小綬章（旧、勲四等瑞宝章）、以下、大雑把に言えば、ごく一部の佐官と一尉、二尉に瑞宝双光章（旧、勲五等瑞宝章）、三尉と准尉に瑞宝単光章（旧、勲六等瑞宝章）です。

ほとんどの佐官には授与されません。理由は佐官に尉官と同じ等級の勲章を授与するわけにはいかず、そうかといって将補クラスと同じ等級の勲章を授与するわけにもいかず、はじきだされているのです。何故、このようなおかしなことが起こるのでしょうか、理由は簡単です。将、将補の等級が低いからです。これらを上げれば、佐官以下が自動的に上がり、解決するのです。

つまり、将経験者に桐花大綬章、旭日大綬章、瑞宝大綬章を、将補に旭日重光章又は瑞宝重光章を授与すれば、一佐に旭日中綬章又は瑞宝中綬章を、二佐、三佐に旭日小綬章又は瑞宝小綬章を授与することができるのです。何故、そのようにしないのでしょうか。一言で言えば、国家、国民が自衛官を軍人として認めず、強いて言えばバカにしているからです。

勲章とは国家による国家に対する貢献度合の評価ですが、政府は、中国や北朝鮮に迎合した政治家、北朝鮮を訪問して金日成主席を礼賛した政治家に勲一等を与えています。私には軍人としての誇りがあります。彼等よりもはるかに下級の勲章を貰うわけにはいきませんから、叙勲を辞退しました。

ところが、平成二十六年春の叙勲で元統合幕僚会議議長（現、統合幕僚長）に対して瑞宝大綬章が授与されました。七月十五日の参院予算委員会で、安倍首相自身が授与を指示したと述べました。元自衛官の勲一等は、内務官僚出身の初代の統幕議長が退官後、自治医大理事長の肩書で勲一等瑞宝章、元日赤社長の肩書で勲一等旭日大綬章はありますが、それ以降、陸士、海兵、防大出身者を含め元自衛官に対しては初めてです。

二　驚いた官僚

因みに平成二十六年春、一川保夫元防衛相に授与したのが旭日重光章、すなわち勲二等、同一時期に、元防衛相が勲二等、元自衛官が瑞宝大綬章、すなわち勲一等、これは初めてです。安倍首相が集団的自衛権行使容認に見合うものとして元自衛官に勲一等としたのでしょう。今後、勲一等は統幕議長経験者に止まらず、陸上幕僚長、方面総監、師団長経験者などにも広げ、かつ全自衛官に現役中に授与すべきです。

とはいうものの、今回の元統幕議長に対する瑞宝大綬章に最も驚いたのは官僚でしょう。防衛省では事務次官は勲二等で、自衛官が勲一等となれば、防衛省内での官僚と自衛官の地位が逆転するからです。認証官でも勲一等が授与されるとは限りません。一川元防衛相は認証官でしたが、勲二等です。高等裁判所長官、高等検察庁検事長は認証官ですが、瑞宝重光章、つまり勲二等が相場です。勲一等とは認証官よりも〝偉い〟のです。

現実に集団的自衛権の行使となれば、自衛官の地位、発言権がさらに増大するでしょう。防衛官僚出身者が集団的自衛権の行使に反対する意見を述べているのをみかけます。その根底の一つに防衛省内における官僚の発言権、地位の低下にもあると思われてなりません。私の通算八年の陸上幕僚監部勤務の経験から防衛官僚が自衛官の立場になって発言するとは思えないからです。

今までも、統幕議長や陸、海、空の幕僚長経験者には勲一等を授与するのは当然でしたが、勲二等に甘んじた理由は、自衛官が〝日陰者〟扱いに堂々と挑戦しなかったことにあると思います。

自衛官の宣誓に見合った叙勲を授与せよと政府に要求する機会が二度あったと思います。最初は生存者叙勲が復活した時です。旧軍では大佐に与えたと同じ勲章を将官経験者に授与されることに対して、等級の低い叙勲はいらないと述べ、毅然として拒否すべきでした。元自衛官が一人も拝受しなければ政府も考えたと思います。二度目は防大卒業生に初めて授与された時です。いずれの場合も心ならずも拝受したが故に、元自衛官が低い勲章に満足していると政府が誤解してしまったのではないでしょうか。

しかし、今回の元自衛官に対する勲一等は、少しばかり前進したと思います。これも国民の自衛官を見る目が変わったことが一因だと思います。

以上、第一章から第四章までは、一般社会、国民の自衛隊に対する評価が大きく変わったことを述べました。すなわち、自衛隊を軍隊にすべき内的要因の変化です。第五章、第六章では自衛隊を軍隊にしなければならない外的要因である、中国の我が国への復讐、韓国の妬みについて述べ、第七章、第八章では逆に自衛隊の足を引っ張る防衛省について述べます。

第五章　中国の我が国への復讐心の増大

本章は、月刊誌『正論』（平成二十五年二月号）に掲載された拙論・「日本よ、中国大陸から撤退せよ」、拙論・「『孫子』で読みとく日本の近・現代」（研究論文）を減筆、加筆したものです。

我が国は明治時代、周辺諸国である、ロシアとは日露戦争、中国とは日清戦争、韓国とは日韓併合という歴史上重大な関係がありました。そのいずれとも我が国に有利に展開しました。

日清戦争時の大陸の王朝は漢族ではなく満洲族でした。清国陸軍主力の中身は八旗と緑営であり、八旗は満洲族、モンゴル族、漢族からなり約二十九万、緑営の主力は漢族で約五十四万、つまり、清国軍の主体は、満洲族でなく、漢族でした。

ロシアとは日露戦争で勝利、中国とは日清戦争で勝利、昭和に入り満洲事変で勝利、支那事変は大東亜戦争に発展し我が国は米英に敗北し、形のうえでは米英についた中国の勝利となりましたが、戦場、武力戦では我が国の百戦百勝でした。

これらの三国は我が国に対して復讐心を抱いておりました。ロシアは大東亜戦争の末期、ドサクサ紛れに、日ソ中立条約を侵犯して、満洲、樺太南部、千島列島などを不法占領、約六十万の将兵らを拉致、シベリアなどで酷使し約六万人を死亡させ、復讐は終了しました。

これに対して、中国は日清戦争、満洲事変で我が国に大敗、先の大戦でも我が国に勝ったという実感がなく、内心負けたと思っています。だから中国の我が国に対する復讐は終っていません。つまるところ、戦争で我が国に勝つまで反日感情はなくならないでしょう。

韓国も日韓併合によって近代化しましたが、日本主導であったため、逆恨みをしています。韓国の反日感情もなくならないでしょう。

中国は日本との戦争を我が国の侵略と宣伝していますが、我が国は中国と戦争をしたのであり、侵略したのではありません。正々堂々たる戦争でした。

一　支那事変は終っていない

中国は、我が国が沖縄県の尖閣諸島を国有化したことを口実に、海警局の船による領海侵犯、日系企業の破壊、日本製品の掠奪・不買、日本人への暴行、日中平和友好条約の「死文化」など、「侮日」運動を展開しています。

このような中国の行動は、漢族（シナ人）による昭和初期の満洲における排日、抗日運動、支那事変の発端となった昭和十二年の盧溝橋事件、通州虐殺事件の延長線上にあります。

『孫子』（兵法）は「上兵は謀を伐ち、其の次は交を伐ち、其の次は兵を伐ち、其の下は城を攻む」、すなわち「最善の策は謀略戦に勝つこと、次善の策は外交戦に勝つこと、その次は野戦で敵軍を破ること、下策は城を攻めること」と説いています。

満洲事変は短期決戦で勝利しました。支那事変は、武力戦は連戦連勝でしたが、謀略戦と外交戦に敗れ、A（米）B（英）C（支）D（蘭）に包囲され、勃発四年後の昭和十六年、アメリカから「支那、仏印からの陸海空軍及び警察の全面撤退」などを主体とする「ハルノート」という「最後通牒」を突き付けられ、これを拒否して米英蘭との戦争に拡大したのが大東亜戦争です。

「ハルノート」の受諾拒否は当時としては、止むを得ないものでした。が、我が国は、受諾することによって喪失したと思われる以上の多くの遺産を敗戦によって失いました。人命、財産だけではなく、最も重要な国家意識、国防意識など日本精神をも喪失しました。

大東亜戦争敗戦後、我が国民は一所懸命に励み、経済大国にはなりましたが、日本精神の喪失の悪影響は極めて大きく、戦後七十年になるにもかかわらず、未だ敗戦国意識から抜けきっていません。特に、中国には精神的に従属させられています。

大東亜戦争は終わりましたが、中国にとっては、支那事変は終わっておらず、国営新華社通信（英語版）は、英霊がお祀りされている靖國神社のことを「悪名高き靖国神社」（平成二十六年八月十五日付朝日新聞夕刊）と罵り、復讐の機会を窺っています。このことに気付いていないのが我が国民なのです。本章では、日清戦争以降の我が国と中国との関係を振り返り、国防力の充実と中国大陸から撤退すべしと提言するものです。

二　日清戦争

日清戦争の主な原因は、朝鮮を独立国と主張する我が国と朝鮮に対する宗主権を主張する清国との衝突でした。外国は一様に清国の勝利を予想していましたが、陸軍も海軍も清国軍を連破して勝利を獲得しました。特に清国海軍は定遠、鎮遠という世界最強の戦艦を有していましたが、我が連合艦隊は明治二十七年九月十七日、黄海の海戦で見事に清国の北洋艦隊を撃破しました。勝利を称える有名な軍歌「黄海の大捷」は、明治天皇の御製（作詞）、海軍軍楽長・田中穂積の作曲です。

平成二十年一月六日、フジテレビの番組で、海軍主計少佐だった中曽根康弘元首相と同中尉だった作家の阿川弘之氏が対談し、阿川元中尉は、司会者の求めに応じて「黄海の大捷」の歌詞を「ころは菊月なかば過ぎ　わが帝国の艦隊は　大同江を出艦して　敵の所在を探りつつ……」と見事に述べられました。

この件について中国教科書に次のような記述があります。（訳者代表　野原四郎、斎藤秋男『世界の教科書＝歴史「中国２」』昭和五十七年、ほるぷ出版）

《……翌17日、旅順（リューシュン）への帰港を準備していたとき、遠くにアメリカ国旗を掲げた艦隊を発見した。正午近く、船はしだいに接近してきたが、この艦隊の12隻の軍艦は突然国旗をすべて日本国旗に換え、北洋艦隊に向かって進攻してきた。》

我が帝国の艦隊が国際法に反したと述べています。これはとんでもない「でっち上げ」です。伊藤正徳氏の著書『大海軍を想う』（昭和三十五年、文藝春秋新社）の黄海の海戦に関する次の一文を紹介します。

《「鎮遠」に乗っていた作戦顧問米國海軍少佐マッギフィン氏は、一八九五年八月、センチュリー誌上に詳細なる海戦記を發表した中で、「日本艦隊が終始一貫、整然たる單縱陣を守り、快速力を利して自己の有利なる形において攻撃を反覆したのは、驚嘆事であつた。清國艦隊は勢い守勢に立ち、混亂せる陣型において應戰するほかはなかつた」と述べている。》

清国の軍艦に乗っていたアメリカの作戦顧問が我が海軍を称賛しているのです。

この件を含め、私は平成八年九月某日、二人の知人と共に外務省アジア局地域政策課を訪れました。私らに応対した課の首席事務官に対して、中国の教科書の記述に「中国に抗議しましたか」と質しましたところ、「記述の内容を把握していません」と回答しましたので、「把握していないのはなお悪いです」と述べた後、出典を紹介し「この件に限らず、国民から見れば、外務省は日本の立場での意見を言わず、中国の言い分ばかりを聞いています。日本人の立場で意見を述べるべきです」と言いますと、首席事務官は頷き「大臣、局長に報告します」と答えました。帰る際、エレベーターの所まで私たちを見送り、応答態度は極めて丁重でしたが、その後、どのような処置をしたのか一切連絡はありません。

我が国は『孫子』（兵法）にある「兵は拙速を聞くも、未だ巧みにして久しきを覩ず」（古代から、「拙速」、つまり短期決戦で成功した例は枚挙にいとまがありませんが、作戦計画が巧妙であっても、長期戦で成功した例を見たことがありません）に基づき、「拙速」つまり短期決戦で勝利し、清国は朝鮮の独立を認めました。

朝鮮王は朝鮮史上初めて皇帝に即位し、国号も大韓帝国としました。しかし、韓国では我が国の恩を忘れ、「日清戦争」を「清日戦争」と呼んでいます。一方、清国は「眠れる獅子」と見られていましたが、敗戦によって諸外国からの侮りが倍加し、清国滅亡の大きな原因となりました。

三　満洲とは、満洲事変とは

中国の反日デモは、満洲事変の発端となった柳条湖事件から八十一年目の平成二十四年九月十八日、最高潮に達し、主要百都市で行われました。

満洲事変を中国に対する「十五年戦争」とか侵略の始まりと称する向きがありますが、これは間違いです。元来、満洲に住んでいた民族は、大部分が満洲族、一部が朝鮮族、モンゴル族で、漢族は住んでいませんでした。

漢族は自らを中華と称し、自分達以外の民族を、「東夷」（日本、満洲、朝鮮など）、「西戎」（トルコ族、チベット族など）、「南蛮」（インドシナなど南海の諸民族）、「北狄」（モンゴル族、ウイグル族など遊牧民族）などと呼び、未開人、蛮族と蔑んでいました。漢族自身が満洲を異民族の地、つまり外国と位置付けていたのです。

漢族の王朝「明」は、彼らが蔑視していた満洲族に滅ぼされました。以来、中華民国が成立するまでの三百年近く漢族は満洲族（清朝）に支配されました。

我が国は日露戦争に勝利して、ロシアが持っていた満洲の権益を受け継ぎ、清国もこれを認め、満洲事変勃発までに昭和初期の国家予算に相当する十七億円を投入して開発しました。開発を見計らって、待っていたとばかりに、漢族が大量に流入し、明治四十年には約千七百万人だった人口が、満洲事変開始直前には約三千三百万人に増加、満洲に占める人口の八〇パーセント以上が漢族となり、漢族の小学校の就学率は関東州（遼東半島の南西端にあった我が国の租借地）で三〇％を超え、中国全体の平均一五％の二倍以上でした。

漢族は、満洲をシナの一部、つまり漢族の地だと主張して日本人を排撃し出しました。その代表的なものに、国民政府主導による「日本貨幣ボイコット」、日本国民たる朝鮮人が水田を開発すると、これを襲撃、捕縛した「万宝山事件」、許可書を持って満洲旅行中の参謀本部部員・中村震太郎大尉を不法監禁し、所持品一切を掠奪して惨殺した「中村震太郎大尉惨殺事件」などを起こしました（中村大尉は戦死扱いで、少佐となりました）。このような事件を受けて我が国内の怒りが頂点に達し、放置すれば満洲に投入した資産が全て漢族に奪われる事態になりました。

このような中、昭和六年九月十八日二二時三〇分頃、奉天北方郊外の柳条湖付近で南満洲鉄道線路が爆破され満洲事変が勃発しました。鉄道線路の爆破は、もっぱら関東軍高級参謀・板垣征四郎大佐（後、関東軍参謀長、陸軍大臣、朝鮮軍司令官、第七方面軍司令官、大将、東京裁判で「絞首刑」）、作戦主任参謀・石原莞爾中佐（後、参謀本部作戦課長、同第一部長、関東軍参謀副長、舞鶴要塞司令官、第十六師団長、中将）の謀略といわれていますが、これはガスが充満しているところにマッチを擦ったにすぎず、鉄道線路の爆破がなくても衝突は時間の問題でした。

国民も軍を支持しました。例えば、満洲青年聯盟という民間団体なども関東軍に協力しました。世界的指揮者の小沢征爾氏の父・小沢開作氏は満洲長春の歯科医で、同聯盟長春支部の支部長でした。満洲事変勃発四年後の昭和十年に生まれた子息に征爾と名付けました。「征爾」の「征」は板垣征四郎の「征」から、「征爾」の「爾」は石原莞爾の「爾」から取ったといわれております。開作氏は征爾氏に、将来大軍団の司令官を夢見たのでしょう。軍はなくなり、大軍団の司令官にはなれませんでしたが、オーケストラの指揮官となりました。私はテレビで小沢征爾氏を見ますと、満洲事変や石原中佐を想像します。

満洲事変勃発後、国際連盟から派遣されたリットン調査団の「リットン報告書」（昭和七年十月二日付大阪毎日新聞号外から抜粋）は次のように述べています。

《満洲は日本の努力と支那の移民により開發せられたり、満洲は日露角逐の場所となりしが支那は初めむしろ無關心にして満洲が露國の支配に歸することをほとんど許せり、満洲は先づ軍略上の要地としてついでその資源のために囑望せられたり日露戰爭後も日露はさかんに經濟的開發に從事せるも支那本部よりはたゞ單に多數の移民が入り込みたるにすぎず、しかもこの多數の移民は満洲の將來の所有を決定したるものにして彼等は満洲全土を平和的に占領したり、こゝにおいて支那は千九百十七年後漸次自ら満洲の開發と支配を志すに至り近年南満における日本の勢力を減少せしめんと試みたり、この支那の政策の結果軋轢を生じ軋轢は客年九月十八日その焦點に達せり……》

我が国は、満洲に満洲族、日本民族、モンゴル族、朝鮮族、漢族からなる五族協和の王道楽土を建設しようと努力し、満洲を日本領土へ編入しようとしたのではありません。

中国の方こそ、大東亜戦争後、満洲を中国東北部として自国領土に編入、戦前に引続き、多数の漢族を送り込み、漢族で埋め尽くしています。チベットやウイグルを侵略して自国領土に編入し、大量の漢族を流入させているのと同じやり方です。

国際連盟は昭和八年、リットン報告書に基づき、満洲は独立国家だとの我が国の主張を認めず、満洲は中国の一部だとの中国の主張を認めた「勧告書」を可決、我が国は連盟を脱退しました。

勧告書は賛成四十二、反対一、棄権一との圧倒的多数で可決されたと強調されていますが、当時連盟加入は五十六カ国、この内、ヨーロッパ諸国と英連邦（自治領を含む）の三十二カ国は全部賛成、これに対しヨーロッパ、英連邦以外の国、つまり発展途上国は二十四カ国あり、この内、中国の主張に賛成したのは十カ国、賛成しなかったのは十四カ国（反対一、棄権一、欠席十二）で、非賛成が賛成を上回ったのです。中国の主張に賛成したのは、アジア、アフリカを植民地支配していた欧米諸国だったのです。

事変そのものは、わずか一個師団を基幹とする関東軍約一万人と蔣介石に帰順した張作霖の子息・張学良が指揮する東北辺防軍を主体とする約四十五万人との戦いで始まり、我が軍が疾風迅雷、電光石火、敵を撃破、半年後の昭和七年三月一日、満洲国が成立して清朝最後の皇帝（宣統帝）溥儀が執政に就任、同年九月十五日、我が国が正式承認しました。

昭和八年五月二十五日、中国側から停戦が提議され、三十一日、塘沽《たんくう》で停戦協定が調印、昭和九年三月一日帝政を施行、溥儀が満洲帝国の皇帝（康徳帝）に就任し、我が国は戦争目的を達成しました。「拙速」が功を奏した意義ある戦いでした。

占領軍は東京裁判で板垣征四郎大将を満洲事変の首謀者として「絞首刑」にしましたが、同事変の本当の中心人物・石原莞爾中将は起訴せず、証人として喚問しただけです。東條首相に睨まれ、大東亜戦争直前に中将で予備役に編入されたから〝無罪放免〟にしたのか、或いは法廷で満洲事変の正当性を堂々と主張されては困ると思ったのか、いずれにしろ、東京裁判のいい加減さを物語っています。石原は証人として喚問され、堂々と我が国の正当性を主張しました。

因みに、『孫子』（兵法）は、「拙速」について、「作戦　第二」で、次のように述べています。

《孫子曰く、凡そ用兵の法、馳車千駟《ちしゃせんし》、革車千乘《かくしゃせんじょう》、帶甲十萬《たいこう》、千里糧を饋《おく》るときは、内外の費、賓客の用、膠漆《こうしつ》の材、車甲の奉、日に千金を費やして、然る後十萬の師擧ぐべし。其の戰いを用うるや、勝つも久しければすなわち兵を鈍らし鋭を挫く、城を攻むればすなわち力屈す、久しく師を暴《さら》せばすなわち國用足らず。夫れ兵を鈍らし鋭を挫き、力を屈し貨を殫《つく》すときは、すなわち諸侯其の弊に乘じて起る。智者ありと雖も、其の後を善くすること能わず。故に兵は拙速を聞くも、未だ巧みにして久しきを覩ず。夫れ兵久しうして國利ある者未だ之あらざるなり。》

この意味は次の通りです

《戦争になれば、戦車千両、輜重車千両、武装兵十万人を動員し、千里も離れた遠い戦場に糧食を輸送しなければなりません。国の内外で使用する費用、同盟国や中立国など外国から支援、援助、協力を得る必要がありますが、それらの国の外交官を接待する費用、戦車や輜重車を修理するための膠や漆の費用、戦車の制作費、将兵の給料などに、莫大な経費を使用することによって、大軍を送ることができるのです。

それ故、戦争で勝利しても、長引けば長年に亘って貯えた武器が損耗します。訓練された兵士も戦死したり、戦傷したりします。その結果、部隊が精鋭でなくなります。

このような状態になると、城を攻撃しても、攻撃力が続かず、頓挫します。軍を長期間戦場にさらすと、国家の費用がますます不足するのです。

部隊の行動が鈍重になると兵士の士気や訓練練度が低下します。軍の戦力が低下し、国家の財産が消耗しますと、その疲弊に乗じて諸外国が参戦してきます。そのようになりますと、知恵のすぐれた宰相、将軍に交代させても、劣勢を跳ね返すことは不可能です。

古代から「拙速」、つまり短期決戦による成功例は枚挙にいとまがありませんが、作戦計画が巧妙であっても、長期戦で成功した例を見たことがありません。長期戦で国に利益をもたらせた例は未だありません。》

満洲事変は、石原参謀が中心となって、平素から戦争になったらどのように作戦すればよいかを十分検討していました。それ故、「拙速」（短期決戦）で勝利することができました。「拙速」とは「巧久」に対する言葉です。我が国では「拙速すぎる」とか「拙速」だといって、物事の先送りの口実にしています。占領軍が一週間程度で作成した占領憲法を七十年近く一字一句も変えないで先送りしています。典型的な「巧久」の例です。

四　支那事変

●盧溝橋事件

支那事変の発端となった盧溝橋事件は、我が軍の一個中隊が昭和十二年七月七日、当時北平といわれた北京郊外の盧溝橋北方地区で夜間演習をしていたところ、二二時四〇分頃、突然中国側から数発の射撃を受けました。

中隊長は直ちに演習を中止して部隊を集結させました。その直後十数発の射撃を受けました。中隊長は大隊長に報告、大隊長は連隊長の牟田口廉也大佐（後、中将）に報告、連隊長は連隊付将校（中佐）を派遣して中国側との交渉に当たらせましたが、翌八日〇三時二五分頃と夜明け前に射撃を受けるに至り、〇五時三〇分、我が軍が応戦したものです。

この射撃は、中国共産軍が国民政府軍と日本軍双方に行った、国民政府軍に紛れ込んだ共産軍が行ったなど諸説がありますが、いずれにしても中国側が仕掛けたものです。

現在、我が国民の一部の者が、我が国が中国に軍隊を配置していたことが侵略だと宣伝していますが、これはためにするもので、北清事変最終議定書に基づき列国が自国の公使館や居留民の生命財産を保護するために配置していたもので、アメリカ、イギリス、フランス、イタリアも配置し、演習の権利も持っていました。七月十日付東京朝日新聞は見出しに「北支駐屯軍の演習　條約に基く權利」と掲げ、我が国の正当性を主張しています。

因みに、「北清事変」とは、明治三十三年、宗教的、政治的結社である「義和団」が「扶清滅洋」を掲げて、天津の外国人居住地を攻撃、北京の列国公使館を包囲し、日本公使館書記生やドイツ公使を殺害しました。これが「義和団の乱」です。

清国政府は「乱」を鎮圧すべき義務があるにもかかわらず、逆に清国軍が列国艦隊を攻撃、列国と清国との間で宣戦を布告しました。これが「北清事変」です。列国は、日本軍の山口素臣中将を指揮官とする連合軍を編成し、北京城を攻撃して公使館区域の列国公使らを救出しました。この戦いで日本軍の規律厳正、勇敢さが列国から称賛されました。

明治三十四年、「北清事変に関する議定書」（北京最終議定書）で、清国は列国に対して賠償金・四億五千万両《テール》（因みに日清戦争での我が国に対する賠償金は二億両）の支払いと北京、天津地区における軍隊の駐留（演習権を含む）を約束しました。

●通州虐殺事件

盧溝橋事件から三週間後の七月二十九日、中国通州で中国保安隊による日本人に対する大虐殺事件が起きました。その残虐さを当時の新聞から抜粋すれば次の通りです（昭和ニュース事典 第六巻【昭和12年―昭和13年】昭和ニュース事典編纂委員会 毎日コミュニケーションズ）。

《八方の屋根の上から機関銃、小銃を撃ち込み、ワーッワーッとものすごい喚声をあげて内部に乱入し、手当り次第に虐殺し、婦女子に至っては屋根の上に引きずり上げ、或いは畑の中に引きずり込んで言語に絶する暴行を加え、さらに狂乱した叛乱隊は口々に、「日本人を殺せ、朝鮮人を逃すな」とわめきながら……片つぱしから残虐の極みをつくした上拉致、惨殺、……居留日本人の家は軒並みに二回、三回と財産の掠奪を受け、政府など茶碗に至るまでも掠奪され、一物も残らず空家同然という有様。また冀東銀行は現金六万元をはじめ目ぼしい金品はことごとく掠奪された。》（八月四日付東京日日新聞夕刊、傍点筆者）
《日本人は婦女子に至るまで全員を惨殺すべく企図し、女子の大部分はこれを拉致し一昼夜に亘り暴行を加えたる後惨殺し、或いは鼻に針金を通し、……》（八月五日付中外商業夕刊）
東京朝日新聞も「縛り上げて刑場へ」「血に狂ふ支那兵」（八月二日付）、「鬼畜の残虐言語に絶す」「宛ら地獄繪巻！」「罪なき同胞を虐殺」「凄惨を極む虐殺の跡」「母親の目前で幼児を虐殺」（八月四日付）などの見出しを掲げて、その残虐ぶりを報道しています。
通州虐殺事件は、今回の日本企業などへの掠奪や「小日本（日本人の蔑称）を殺し尽くせ」「東京を血で洗え」（平成二十四年十一月四日付産経新聞）とのわめきとそっくりで、このようなやり方は、日本人では考えられない、中国人独特のものです。
因みに、平成二十六年七月九日付朝日新聞は社説で「日中開戦77年」との見出しで「盧溝橋事件が起きたとき、日中両軍はすでに一触即発の状態だったというが、実は事件後に停戦協定を結んでいた。現場、そして両政府内にも、事態の不拡大を望む人々がいた。それがなぜ全面戦争化したのか。歴史にこだわるならば、検証に値する当時の経緯を、日中の共有資産とするよう目指せないものだろうか」と述べています。
我が国は政府も軍も不拡大方針で臨み、戦いを北支那に限定、「北支事変」と名付けました。が、盧溝橋事件発生二日後の昭和十二年七月九日付大阪朝日新聞は「天聲人語」で「日本が穏健政策に立還ればすぐ圖に乘つて來る、グワンとやられてやつと引込む」と軍の尻を叩いていました。

五　大東亜戦争

我が国の不拡大方針にもかかわらず、中国は八月十四日、上海方面において日本海軍陸戦隊を攻撃、八月十五日には全国総動員令を発令するに至り、我が国も九月二日、「北支事変」の呼称を「支那事変」と改め、戦線が中国全土に拡大しました。

●我が国の仏印進駐

支那事変がなかなか決着せず、長引いている理由の一つにイギリスの蔣介石に対する物資の支援がありました。これを「援蔣ルート」と呼び、ビルマからと北部仏印からとの二つのルートがありました。

因みに、「印度支那」とは「アジア大陸の南東部、太平洋とインド洋の間に突出する大半島。インドと中国の中間に位するからいう。普通ベトナム・ラオス・カンボジア三国（旧仏領）を指し、広義にはタイ・ミャンマーをも含む」（広辞苑）です。

フランスの敗戦に伴い、我が国は昭和十五年九月二十三日、北部仏印から蔣介石への物資の輸送を遮断するために行ったのが「北部仏印進駐」です。米国は報復処置として九月二十六日、対日屑鉄禁輸を発表しました。昭和十六年七月二十五日、米国に南部仏印への進駐を通告しますと米英は翌二十六日、対日資産凍結を発表、七月二十八日南部仏印に進駐しますと米国は八月一日、石油禁輸を発表しました。

●ハルノート

我が国は昭和十六年十一月五日の御前会議で、「①対米英蘭戦争を決意し、武力発動の時機を十二月初頭と予定して作戦準備を完整する②外交は十二月一日零時まで続行し、成功すれば武力発動を中止する」との「帝国国策遂行要領」を決定し、野村吉三郎、来栖三郎両大使をして外交努力を継続しましたが、我が国の外交努力もむなしく、十一月二十六日、ハル国務長官が提案してきたのが所謂「ハルノート」で、その主要部分は次の通りです。

①支那及仏印より日本の陸海空及警察の全面撤退
②日支近接特殊緊密関係の放棄
③三国同盟の死文化
④支那に於ける重慶政権以外の一切の政権の否認

「ハルノート」は、我が国にとっては、事実上の最後通牒で、次の理由から受諾できるものではありませんでした。

一つは、我が国は明治以降、大陸で多くの将兵が戦死し、多くの先人が眠っています。撤退してはこれら英霊に顔向けができませんでした。因みに、靖國神社に合祀されている英霊は、朝日新聞（平成十七年六月三日付）によれば、日清戦争が一三、六一九柱、北清事変が一、二五六柱、日露戦争が八八、四二九柱、満洲事変が一七、一七六柱、支那事変が一九一、二五〇柱です。但し「支那事変」は大東亜戦争開始までを指します。

二つは、大陸に莫大な資本と同胞を投入しました。軍を引き揚げては同胞や施設を漢族の攻撃から守ることができず、全てが漢族の物になってしまいます。

かくして、十二月一日の御前会議で、対米英蘭開戦の決断がなされました。

●戦争による成果と損失

我が国は昭和十六年十二月八日、米英に宣戦を布告し、戦争の呼称を支那事変を含め大東亜戦争と定めました。開戦の劈頭、シンガーポール、フィリピン、ビルマ、蘭印（現、インドネシア）などの英米蘭軍を撃破して、戦争目的の一つである大東亜の新秩序建設の幕開けとなりました。

しかし、もう一つの目的である自存自衛はならず、昭和二十年八月十五日、支那事変から数えて約八年、無念の涙を呑み、多くの損失を被りました。

●戦後の発展は中国抜き

我が国民は敗戦後一所懸命に励み、昭和三十年代になると「もはや戦後ではない」といわれ、昭和四十三年、国内総生産（ＧＤＰ）が当時の西ドイツを抜いて世界第二位に躍進しました。日中国交回復四年も前のことです。

昭和五十五年には粗鋼の生産がアメリカを抜いて世界第一位に、同じ頃アメリカで「ジャパン アズ ナンバーワン」「アメリカ アズ ナンバーNo２」が出版、五十五年の鈴木内閣から六十年の中曽根内閣までは八月十五日に内閣総理大臣以下ほとんどの大臣が靖國神社に参拝していました。戦後の発展は中国抜きででした。

六　「戦略的互恵関係」で得たもの―中国は軍備と富、日本はパンダとトキ

日中共同声明は昭和四十七年、日中平和友好条約締結は我が国の絶頂期である昭和五十三年、共同声明以来四十年余、明暗が日中間で大きく分かれました。「戦略的互恵関係」とは、聞こえはいいですが、我が国が中国の言いなりになったことです。以下、その具体例を述べます。

●中国は「四つの現代化」を達成

中国は、日中平和友好条約を締結した頃、農業、工業、国防、科学技術の近代化、つまり「四つの現代化」を掲げていました。

平和友好条約締結後、我が国から得た円借款や先端技術で現代化を成し遂げて経済が成長、平成二十二年にはＧＤＰが我が国を抜いて世界第二位に躍進しました。

経済発展に伴い、国防費は平成元年度から二十六年度まで二十二年度を除き毎年二ケタ増

大させ、平成二十六年版「防衛白書」によれば、過去十年間で約四倍、過去二十六年間で約四十倍となり、軍事大国となって我が国はじめアジア諸国に脅威を及ぼしています。

因みに、中国のＧＤＰが、我が国を追い抜いた平成二十二年より二十年前、平成二年の中国のＧＤＰは、「ミリタリー・バランス　一九九二ー一九九三」（英国国際戦略研究所編、防衛庁防衛局調査第二課監訳）によれば、三六九七億七〇〇〇万ドル、我が国の二兆九四〇三億六〇〇〇万ドルの一二・六％にすぎませんでした。

軍事状況を見ますと、平和友好条約締結の頃、中国はソ連の脅威に怯えておりました。その証拠に平和友好条約が締結された昭和五十三年、靖國神社に「Ａ級戦犯」が合祀されましたが、文句を言わず、合祀以降においても、内閣総理大臣以下閣僚が八月十五日に揃って参拝しても、中国は何も言いませんでした。ところが、ソ連の脅威がなくなりますと首相や閣僚の参拝に文句を言い出したのです。

●日本はパンダとトキを得、「日本精神」を喪失

一方、我が国は、日中平和友好条約締結頃を境にして下り坂となりました。我が国は正常化によって何を得たのでしょうか。謝罪ばかりを繰り返し、中国の言いなりになっただけではないでしょうか。その代表例を四つ挙げます。

第一は、前述しました靖國神社参拝に対する圧力です。靖國神社には占領間の一時期、首相の参拝は中断しましたが、サンフランシスコ平和条約調印後、鳩山一郎、石橋湛山の両首

相を除き、吉田茂首相以降の歴代首相が参拝、「A級戦犯」合祀後二十回も、内閣総理大臣が参拝、特に昭和五十五年の鈴木内閣から六十年の中曽根内閣までは首相以下ほとんどの閣僚が八月十五日に参拝していました。

昭和六十年八月十五日の中曽根首相の参拝に対して中国が突然文句をいってきた時、毅然として参拝を継続すべきでしたが、参拝する首相、閣僚が年々減少し、菅首相以下一人の閣僚も参拝しなかった平成二十二年、四十二年ぶりにGDPが中国に追い抜かれ世界第二位の座から転落しました。

首相、閣僚の靖國神社不参拝に伴い経済の成長が極端に鈍化、防衛費も二十年前と大差がありません。中国の国防費が過去二十六年間に四十倍も増大したのと大違いです。そもそも、かつての敵国の圧力に屈して、国家のために貴い一命を捧げた英霊に感謝と尊敬を表しない国が発展する筈がありません。

第二は、中国に現存する旧日本軍の化学砲弾は敗戦時、武装解除によって全ての武器弾薬とともにソ連、中国に渡し、その時点で管理権、所有権がソ連、中国に渡っております。ソ連は、本国に持ちさるか、満州に遺棄するか、中共に渡し、中国はこれらを国共内戦、朝鮮戦争に使い、その残り滓が化学砲弾です。処理するのは当然中国であるにもかかわらず、中国の言いなりになって、旧日本軍が中国に遺棄したとして現在も我が国が処理しています。

第三は、日中共同声明で中国は賠償を放棄したといいながら、円借款は三兆円超です。このカネで中国は核兵器、ミサイル、軍艦を造り我が国を脅かしています。我が国が中国からの見返りはパンダとトキだけです。

第四は、我が国唯一の士官学校である防衛大学校長の人事です。この件については、第七章で詳述します。

七　侮日の背景は劣等感

中国、韓国、北朝鮮以外のほとんどの国は、首相が靖國神社に参拝しても文句を言いません。しかし、中国は、反日暴動でも「日の丸」を焼きながら、我が国を蔑視する用語である「小日本」と叫んでいます。何故、近代国家では有り得ない暴動を起こすのでしょうか。中国は明治以降、我が国との戦争で負けてばかりで、勝ったことがありません。この劣等感の裏返しが「侮日」ではないでしょうか。

先の大戦も、ポツダム宣言を受諾しようとしていることを知った支那派遣軍総司令官の岡村寧次大将は、陸軍大臣、参謀総長宛に戦争継続を具申しました。その電文は次の通りです

(元大本営陸軍部作戦課長・服部卓四郎『大東亜戦争全史』昭和四十六年、原書房)。

《国体護持皇土保衛の為御苦心の程感佩に堪へずソ連の参戦は固より予期せし所而も皇軍約七百万の皇土及大陸に健在するありて派遣軍百万の精鋭は愈々闘魂を振起し矯敵撃滅に勇

躍しあり
今や陸軍は真に帝国の核心となり敵の和平攻勢及国内の消極論に惑はさるることなく断乎として全軍玉砕を賭し戦争目的の完遂に邁進すべき秋なりと確信す
皇国興亡の関頭に立ち憂国の情止み難く敢て意見を具申し不抜の御決意を念願して止まず》

さらに、「天皇及び政府が連合国最高司令官に従属する」と知った岡村総司令官は次の意見を具申しました。（同）

《数百万の陸軍兵力が決戦を交へずして降伏するが如き恥辱は世界戦史に其の類を見ず派遣軍は満八年連戦連勝未だ一分隊の玉砕に当りても完全に兵器を破壊し之を敵手に委せざりしに百万の精鋭健在の儘敗残の重慶軍に無条件降伏するが如きは如何なる場合にも絶対に承服し得ざる所なり抑々悠久三千年の尊厳なる我が国体は全国民の死力を尽して護持すべきものの断じて敵国に哀願して達成すべきものにあらず屈伏は亡国継戦は全国民鉄火一丸となりて必死敢闘するところ必ずや死中に活を求め得ると堅く確信しあり》

中国の教科書（『世界の教科書＝歴史　「中国２」』）の「抗日戦争の勝利」で次のように述べています。

《八月十四日、日本帝国主義はやむなく無条件降伏を宣布し、九月二日、正式に降伏文書に調印した。中国共産党が指導した中国人民の八年間の抗戦は、ついに最終的勝利を得たのであった。八年間の抗戦を通じて、人民の軍隊は合計日本軍五二万人以上、かいらい軍（筆

者注・中華民国軍）一一八万人以上を殲滅したのであった。》
しかし、中国の記述は全くの嘘で、前出の服部卓四郎氏が『大東亜戦争全史』で次のように述べています。
《支那派遣総司令官岡村寧次大将は……九月九日南京において、蔣総統の代理たる中国陸軍総司令何応欽上将に降伏し……かくして昭和十二年七月支那事変勃発以来満八年、連戦連勝の赫々たる歴史に輝く我が派遣軍も遂に自ら敗者の地位に立って武器を投ずることとなったのである。》
支那事変、大東亜戦争の最盛期、我が陸軍は支那軍一個師（日本軍の一個師団に相当）に対して一個大隊で対処するのが相場でした。すなわち、支那軍十に対し我が軍一で十分だったのです。その具体例を紹介します。
ビルマ戦線において中国軍は、拉猛守備隊（隊長・金光恵次郎少佐）約千三百人を約四万一千人で包囲、騰越守備隊（隊長・蔵重康美大佐）約二千人を約五万人で包囲しました。両守備隊とも数十倍の敵に包囲されても降伏せず、玉砕しました。
拉猛守備隊などの勇戦敢闘に対して蔣介石は、部下に与えた訓示の中で「わが将校以下は、日本軍の松山守備隊（筆者注・拉猛守備隊のこと）、あるいはミートキーナ守備隊が孤軍奮闘、最後の一兵に至るまで命令を全うしある現状を範とすべし」（陸戦史研究普及会『陸戦史集16　雲南正面の作戦』昭和四十五年、原書房）と、日本軍の勇敢さを称えています。

その悔しさを表す事態が最近ありました。平成二十六年七月二十五日、大連市で覚醒剤を密輸しようとした罪で日本人に死刑を執行しました。二十五日とは日清戦争に関係する日です。日清戦争の日清両国の宣戦布告は明治二十七年八月一日ですが、「最後通牒」を送ったのは七月十九日で、国際法上この日以降は交戦の自由がありました。

七月二十五日、豊島沖において、我が連合艦隊「浪速」（艦長、東郷平八郎大佐）が、遭遇した清国海軍と交戦、清国兵を満載した英国籍の輸送船「高陞号」を撃沈、緒戦を飾りました。中国はその日から丁度百二十年経った日に日本人を処刑したのです。

七月二十七日付産経新聞は、中国のインターネットで「百二十年の恨みを晴らした」「毎年この日に合わせて日本人を処刑しよう」といった書き込みが多く寄せられたと述べています。

中国は、連合国の一員として形の上では我が国に勝利しましたが、実際の戦争では、彼らが「蛮族」と見下す我が国に連戦連敗で、悔しくて、悔しくて、しょうがないのでしょう。つまり我が国への復讐心です。

戦争とは国策の衝突の結果、起こるもので、双方に言い分があります。しかし、日中間の戦争では中国は、負けたが故に、中国が被害者、我が国が加害者と位置付けているのです。我が国がどのような友好的行為をしても変わらないでしょう。企業は中国相手に金儲けしようという、さもしい根性を捨てるべきです。先端技術を与えるだけです。

日中共同声明以来四十年余、我が国政府は中国に謝り続けました。これ以上の謝罪は日本人の誇りが許さない、金輪際御免です。

八　自力防衛が嫌なら日米同盟の強化を

『孫子』（兵法）に「其の來らざるを恃むことなくして、吾が以て之を待つことあるを恃め」とあります。つまり、敵の侵攻がないことを頼みとするのではなく、侵攻を受けても備えが十分あることを頼みとせよ、という意味で「戦わずして勝つ」の大前提です。

我が国は「専守防衛」を叫び、核兵器、大陸間弾道ミサイル、長距離戦略爆撃機、攻撃型空母の保有は許されないとしています。それ故、中国が尖閣諸島に侵攻して来た場合、我が国はアメリカに対して日米安保条約を根拠に、軍事的支援を確認、アメリカは「尖閣防衛義務」を内外に明言しました。これに対して、中国は「断固反対」と表明しました。

一方、すでに述べましたが、中国は国防費を平成元年度から二十六年度まで二十二年度を除き毎年二ケタ増大させ、三月五日に発表した二十六年度の公表額は産経新聞（三月六日付）によれば日本円で約十三兆四四六〇億円、我が国の防衛費・四兆八八四八億円（平成二十六年度当初予算）の約二・八倍です。

公表額には外国からの兵器購入費、研究開発費などの全てを含んでおらず、アメリカの国防総省などの発表を総合すれば、実際は公表額の二～三倍と見られています。仮に二・五倍としますと、実際の国防費は約三十三兆六一五〇億円で、我が国の防衛費の約六・九倍です。毎年二ケタ増大させれば五年で二倍、十年で四倍ですから五年後には約六十七兆二三〇〇億円、十年後には約百三十四兆四六〇〇億円です。我が国の防衛費が現在のままであれば、五年後には約一三・八倍、十年後には約二七・五倍になります。アメリカの国防費は五十数兆円ですが、大幅な削減が計画されており、アメリカを追い越すのは時間の問題なのです。

国防力は、部隊の訓練練度、指揮官の指揮能力、将兵の士気・数、兵器の質・量、国家の中での軍隊、軍人の位置付け、首相以下が戦死者に敬意と感謝をしているか否か、など有形無形の要素で評価され、国防費イコール国防力でないのは当然ですが、中国軍を侮ってはいけません。国防力を充実し、自力防衛体制を確立すべきです。

にもかかわらず、我が国は、自分や息子は自衛隊に入隊せず、防衛費も増やさず、核も持つなといい、同盟国・アメリカが、給油支援の継続を要望していたにもかかわらず、インド洋から補給艦、護衛艦を撤退させ、オスプレイの配備に反対を唱え、「集団的自衛権の行使」や「国防軍」に反対し、中国などの侵攻を受けた時だけは、アメリカに助けてくれとは身勝手な話ではないでしょうか。戦いはオリンピックではありません、若者の血が流れるのです。アメリカ兵の母親が身勝手な日本を助けるために自分の子供の血を流すことを許すでしょうか。

安全第一の旅客機だって墜ちることがあります。オスプレイが絶対墜ちないとは誰にもいえません。万一の危険が伴ってもオスプレイの配備を認めるか、認めず尖閣諸島や沖縄を中国に渡すかの選択なのです。

巷では、自衛隊と中国軍とどちらが強いかなどと論じています。確実に言えることは、我が国は核兵器がありません。通常戦力で自衛隊が中国軍を撃破しても中国は降伏しません。負けそうになれば、必ず我が国に核を撃ち込むでしょう。

中国に対する核抑止のため、我が国が独自の核を持つべきです。が、我が国では「核の保有を検討すべきである」と唱えただけで袋叩きに遭います。それ故、アメリカの核の傘、核抑止力を確実にすることが絶対に必要です。

中国が我が国の米軍基地周辺を攻撃し、米兵が犠牲になれば、アメリカは米兵救助のため増兵し、かつ報復します。アメリカの反撃を恐れ、中国は我が国を攻撃できません。抑止力が働くのです。在日米軍基地が抑止力なのです。オスプレイなどの配備は大いに歓迎すべきです。

このような中、沖縄県民は平成二十六年十一月に行われた県知事選挙で、県知事に普天間飛行場の辺野古移設に反対する翁長雄志氏を選びました。

沖縄は中国がアジア支配を目論むための重要な地域です。あくまでも辺野古移設に反対すれば、米軍が沖縄から撤退する可能性もでてきます。仮に、沖縄から米軍がいなくなれば、中国などが侵攻してきた場合、追い出した米軍に支援を頼めないでしょうし、追い出された米軍が助けに来てくれるでしょうか。

私の三十年余に亘る自衛隊勤務の経験から、誤解を恐れずに申しますと、隊員（兵士）に事故防止を厳しく指導しても事故は防ぐことは出来ません。「事故防止の徹底」を軽々に叫ぶ政治家などは責任ある指揮官経験がないからです。

兵士（自衛官）であれ、警察官であれ、検察官であれ、教師であれ、男であれ、女であれ、日本人であれ、アメリカ人であれ、中国人であれ、人は罪を犯すものです。

自分たちは、兵役にも就かず、深夜まで飲酒し、助太刀たる米軍の一兵士の犯罪を「許し難い」と官民あげて連日非難し、米兵だけに夜間外出禁止を要求するのであれば、日米同盟を破棄し、国民全体が国防の義務を負うべきです。昭和の支那事変は中国がアメリカを取り込みましたが、平成の支那事変は我が国がアメリカを取り込むべきです。

集団的自衛権の行使反対を叫ぶ者は、叫ぶ前に自衛隊に入隊して国の防衛に励むべきです。兵役にも就かず、集団的自衛権の行使に反対して、如何にして国を守るのか、その方法を聞きたいものです。

九　大陸から撤退―再び「大東亜」の発展に貢献を

アメリカからの「支那及仏印より日本の陸海空及警察の全面撤退」要求を拒否して大東亜戦争に突入、大敗しました。この度は、次の理由から自主的に中国から撤退すべきです。

第一は、日清戦争以来、中国や満洲で多くの将兵が戦死しましたが、日中共同声明以降、一人の戦死者もいません。

第二は、我が国は、日本国内の特急を上回る最高時速百三十キロの「あじあ」号（大連―ハルピン間）に代表されるように、莫大な投資をし、満洲に日本以上の近代的「国家」を建設しました。欧米諸国がアジアなどから多くの物資を本国に移送、つまり搾取したのと根本的に違うのです。因みに、中国は平成二十四年十二月一日、同じ区間に高速鉄道の営業運行を始めました。

戦前の投資に比べれば、日中国交回復後の投資は雀の涙です。これから先も何かに付け日系企業に対し掠奪を行うでしょう。撤退によって今までに投資した資本が無駄になり、一時的に若干の経済が落ち込むでしょうが、さらなる投資は被害を拡大するだけです。

第三は、「一衣帯水」「戦略的互恵関係」などといって、中国に可愛そうなくらい迎合し、魂を売ってきました。そのお返しが国連の場で尖閣諸島に関して我が国を「強盗」呼ばわりです。

中国は、我が国を「強盗」呼ばわりするかたわら、アジア太平洋経済協力会議（ＡＰＥＣ）を前にして日中首脳会談をチラすかせ、中国国旗を高々と掲げた大量の漁船を我が近海に派遣して揺さぶりをかけてきました。

日中首脳会談前後、我が国を侮り、極めて傲慢、無礼でした。この態度に多くの我が国民は憤っています。

漁船は会談終了後も領海内に居直り、我が国の資源の取り放題、国民から見れば政府が取締をしていないも同然でした。我が国の漁船が中国の近海で同様の態度をとれば中国は撃沈するでしょう。

中国は、我が国が占領憲法を〝平和憲法〟と叫び、〝平和憲法〟さえ護っていれば、侵略されないとの寝言をいい、〝軍〟を持たず、自衛隊が手も足も出さないであろうことを十二分に認識して資源の強奪です。

中国は、今回の漁船の侵入で、我が国が手も足も出さないことを再確認したと思われます。これに味を占め、同様の手段で漁船を尖閣諸島近海に押し寄せ、領土の強奪を図ることが十分考えられます。すなわち、台風などを口実に漁民を装った大量の兵士の上陸です。

安倍首相が「戦略的互恵関係」と述べても「恵」を得るのは中国だけで、我が国は得るものは何もなく、失うだけです。

これ以上侮られたり強奪されたりしないためには、早急に占領憲法を改正し、自衛隊を国防軍と位置付け、国防力を充実して普通の国にすることとです。いつまでも、集団的自衛権の行使反対、特定秘密保護法反対、憲法改正反対などと寝言を言っている暇はないのです。

一方、「仏印」などには平和進出すべきです。我が国の対米英蘭との戦争によって、アジアの諸国民が目覚め、独立を果たしたのは歴史の事実です。

大東亜戦争の目的の一つは大東亜における新秩序の建設で、我が国は、ベトナム、ラオス、カンボジア、タイ、ビルマ（ミャンマー）などの「印度支那」、インド、インドネシアなどを敵に回したのではなく、友好に努めました。それ故、これらの国には、「親日」国家が少なくありません。「侮日」「反日」国家・中国からは離脱し、「親日」国家と友好を深め、金儲けではなく、「親日」国家の発展に献身的に寄与すべきではないでしょうか。

この事実を「戦勝国」である英国も認めています。その例として、第一次世界大戦百年に当たる平成二十六年、英国の戦争博物館が改装されました。七月三十日付朝日新聞は、その様子を大きく報道しました。

「日本兵の人間性描く」との小見出しを設けて、大東亜戦争の説明パネルでは「英国やほかの欧州列強は、日本に奪われたアジアの植民地へ戻った。だが、戦争の混乱は、独立の要求を含む大きな変化をもたらした。帝国（筆者注・大英帝国）による統治の時代は、終わった」と記し、同館のサマンサ・ヘイウッド公共プログラム部長は「我々は勝ったつもりだったが、大英帝国は消えざるを得なかった。これもある種の降伏だ」と指摘しています。

我々日本人は、大東亜戦争について、自信と誇りを持つべきです。

第六章　韓国の我が国への「劣等感・逆恨み・怨念」の拡大

一　平成の「三国干渉」

安倍首相の平成二十五年十二月の靖國神社参拝に対し、中国、韓国、アメリカなどは十二月二十六日、次のような抗議や声明（要旨）を発表しました。

●中国の王毅外相は、木寺昌人中国大使に次のように抗議しました（十二月二十七日付読売新聞）。

《A級戦犯がまつられた靖国神社を参拝することは、国際的な正義を公然と挑発し、人類の良識を踏みにじるものだ。強く抗議し、厳しく非難する。靖国神社は日本の軍国主義による侵略戦争の象徴だ。安倍首相の参拝は、緊迫している中日関係に新しい重大な政治障害をもたらした。中国は決して容認できない。日本は安倍首相が作り出した深刻な政治的結果のすべてに責任を負わなければならない。日本が引き続き両国間の緊張、対立を激化させるなら、中国も最後まで相手をする。安倍首相の行いは日本を危険な方向へと向かわせている。中国を含む国際社会は警戒を強めなければならない。》

●韓国政府は次のような声明を発表しました（同）。

《韓国と国際社会の憂慮と警告にもかかわらず、日本の過去の植民地支配と侵略戦争を美化し、戦犯らを合祀している靖国神社を参拝したことに、嘆きと憤りを禁じ得ない。韓日関係はもちろん、東北アジアの安定と協力を根本から傷つける、時代錯誤的な行為だ。

日本が本当に国際平和に積極的に寄与しようと思うなら、何よりも過去の歴史を否定して侵略を美化する誤まった歴史認識から抜け出し、歴史を直視し、日本軍国主義の侵略と植民地支配の苦痛を味わった近隣国家とその国民に、徹底した反省と謝罪を通じ、信頼から構築していかねばならない。》

●オバマ政権は、在日米大使館を通じて次のような声明を発表しました（同日付朝日新聞）。

《日本は大切な同盟国であり、友好国である。しかしながら、日本の指導者が近隣諸国との緊張を悪化させるような行動を取ったことに、米国政府は失望している。》

しかし、繰り返して述べますが、敗戦から当分の間、内閣総理大臣は兵隊さんとの約束を守るため、靖國神社に参拝していました。すなわち、敗戦直後の昭和二十年八月十八日に東久邇宮稔彦王・首相がご参拝、十月二十三日、十一月二十日に幣原喜重郎首相が参拝、その後、占領軍の命令で参拝できませんでしたが、昭和二十六年サンフランシスコ講和条約が調印されますと条約の発効前ですが、十月に時の首相・吉田茂が参拝、発効後は昭和六十年八月十五日まで鳩山一郎、石橋湛山の両首相を除き歴代首相が参拝してきました。この間、昭和五十三年の秋季例大祭の開催時に「A級戦犯」が合祀され、昭和五十四年四月十九日付朝日新聞は「靖国神社にA級戦犯合祀」「東条元首相ら十四人」「ひそかに殉難者として」との大々的な見出しを掲げて報じました。

大平正芳首相の参拝が注視されましたが、朝日新聞報道二日後の二十一日午前、春季例大祭の行われている靖國神社に公用車を使用して参拝し、「内閣総理大臣」と記帳しました。大平首相は昭和五十四年秋と五十五年春にも参拝しています。

「A級戦犯」の合祀が新聞に報道された昭和五十四年春以降、大平首相が三回、鈴木善幸首相が八回、中曽根首相は昭和六十年の春季例大祭まで九回参拝、つまり首相が二十回参拝しても中国も韓国も文句を言ってきませんでした。

ところが、中曽根首相は昭和六十年八月十五日、首相として十回目の参拝をしますと、突然中国が文句を言ってきました。中曽根首相は毅然として参拝を続行すべきところ、その年の秋以降の参拝を止めてしまいました。これが中国に甘い蜜を与え、内政干渉を招く走りとなりました。

また、「首相の靖国神社参拝を求める国民の会」が発行（平成十四年七月九日）した資料集・「靖國神社に代わる国立追悼施設に反対を！」に「外国要人並びに軍隊昇殿参拝記録」（平成十四年六月三日現在）が載っています。

右の資料によれば、「A級戦犯」合祀が報道された以降だけを見ても、四十カ国、百八十の団体又は個人が昇殿参拝しています。国別を見ますと、アメリカの二十数回を筆頭にドイツ、インド、イギリス、トルコは十回を超え、ロシア、ルーマニア、ポーランド、イスラエル、ブラジル、タイが五回を超え、オーストラリア、ミャンマー、マレーシア、インドネシア、チベット、台湾、カナダ、パキスタン、スイス等々、主要国のゼロは中国です。

参拝者の一例を挙げれば、アメリカの在日米軍太平洋陸軍司令官（中将）夫人、海兵隊第三師団長（少将）、空軍横田基地司令官（大佐）夫妻以下、在日米軍横田空軍基地将校会、横須賀基地司令官（海軍大佐）、イギリスの大使館付武官（海軍大佐）、同在郷軍人会会長、ドイツの大使館国防武官（陸軍大佐）、ロシアの大使館付武官（陸軍少将）、イタリアの大使館付武官（海軍大佐）、トルコの大使館付武官（海軍大佐）、タイの空軍司令官補佐（空軍大将）、インドネシアの宗教大臣以下、インドの沿岸警備隊長官（海軍中将）、パキスタンの大使館付陸軍准将、台湾の台湾出身元少年工員・家族、高砂族元義勇兵・遺族、ミャンマーの大使館付武官（陸軍大佐）、マレーシアの大使館付武官（海軍大佐）、チリの通産大臣などなどです。また、百八十は昇殿参拝ですから一般参拝者数は数え切れないでしょう。

敵国だったアメリカ、イギリス、ロシア、カナダ、オーストラリアなどや同盟国だったドイツ、イタリアにとどまらず、アジア諸国の人も「A級戦犯」が合祀されている靖國神社に参拝しているのです。

「A級戦犯」が祀られている靖國神社に最も多く参拝しているのはアメリカ人です。それが今頃になって何故オバマ政権は、首相が参拝すると非難するのでしょうか。

また、政府は平成二十六年六月二十日、河野談話の作成過程を検証した報告書を発表しました。報告書のポイントは六月二十一日付産経新聞によれば、次の通りです。

●日本側は、元慰安婦への聞き取り調査終了前に談話の原案を作成。聞き取り調査結果に対する裏付け調査を実施せず

●日本側は韓国側に発表文の事前相談を申し入れ、水面下で文言を調整。調整の事実の非公表も確認

●韓国側は、日本側が一部修正に応じなければ「ポジティブに評価できない」と通告。「日本に金銭的補償は求めない方針だ」とも伝達

●日本側は「調査を通じて『強制連行』は確認できない」と認識。韓国側から慰安婦募集の強制性の明記を求められ、「総じて本人たちの意思に反して」で調整

この検証に関連して、韓国、中国、アメリカは以下のような見解を発表しました。

●韓国マスコミ（六月二十二日付産経新聞）

「河野談話に泥を塗る」「外交の慣例を無視した挑発だ」「検証自体、正常な国では考えられないこと」「韓日間で『取引』でもあったかのように事実を歪曲している」「どこまでが事実か分からぬものを勝手に公表する国を信頼できるだろうか」（朝鮮日報）

「韓日関係さらに悪化」「内容の一方的な解釈で、韓日外交の信頼は根幹が揺るがされる」「河野談話の継承を明言しつつも談話を無力化させるのは、手のひらで空を隠すようなものだ」

（中央日報）
「談話を無力化し歴史を覆すのは、国際社会の怒りを募らせる」「韓中が日本に強力な警告を送るべきだ」（東亜日報）
●韓国政府（六月二十八日付産経新聞）
「談話の信頼性を傷つけ、形骸化させようとしている」「外交慣例に反し、非常識な行為だ」
「日本側の要請で非公式を前提に意見を提示しただけで、事前調整とはかけ離れている」
●中国政府（六月二十四日付産経新聞）
中国外務省の華春瑩報道官は「歴史を正視せず、侵略の罪を否定しようとする意図が明らかになった」「重大な人道に反する罪であり、動かぬ証拠がある」
●NYタイムス（六月二十四日付産経新聞）
「民主主義国かつ世界第三の経済大国として、過去を書き換えようとしている印象を残してはならない」

安倍首相は、韓国、アメリカ、中国の圧力を受けてか、平成二十六年三月十四日の参院予算委員会で「河野談話」について「安倍内閣で見直すことは考えていない」（三月十五日付産経新聞）と明言しました。また、「次世代の党」の山田宏氏の参考人招致の要求に対して、与党筆頭理事の塩崎恭久氏は「前例がない。河野氏は犯罪行為に関わったわけではない」（七月十二日付産経新聞）と伝えました。

アメリカ、中国、韓国の靖國神社参拝に対する抗議や河野談話を見直さないとの政府の発言は、米、中、韓による平成の「三国干渉」です。

日清戦争後の下関条約で清国から得た遼東半島を、ロシア、ドイツ、フランスの三国の干渉を受け、涙を呑んで返還しました。

しかし、明治の日本人は、臥薪嘗胆十年、富国強兵に励み、日露戦争でロシアを破り、雪辱を果たしました。平成の我が国民はどうするか、明治の先人から嗤われないよう富国強兵に励まなければ、周辺諸国の侮りが益々増大するでしょう。

このようなことを念頭において、韓国の我が国への劣等感、逆恨み、怨念について述べます。

二　反日は終らない

韓国の反日振りは目に余るものがあります。この原因は反日教育で、日本よりも自分たちが先進国であり、優れた民族だと教えられていることがあります。

韓国の教科書の一例を訳者（代表）渡部學『世界の教科書＝歴史「韓国1」、「韓国2」』（昭和五十八年、ほるぷ出版）の「三国文化の日本伝播」から紹介します。

「韓国1」の「三国文化の日本伝播」では次のように述べています。

《三国は、互に対立して競争するなかで、活発な文化交流を行った。また、中国文化とも交流を重ねながら、海を渡って日本文化の発展に寄与した。
百済は、阿直岐（アジックキ）と王仁（ワン・イン）を日本に派遣して儒学を教え、また、段陽爾（タン・ヤンイ）や高安茂（コ・アンム）などが渡日して学問を教えた。聖王の代には仏教を伝えた。そして、百済と高句麗の多くの僧侶は、日本の仏教界を指導した。
儒学や仏教のほかにも、美術、音楽、暦学、医学、農業、およびさまざまな技術をも伝え指導した。日本が飛鳥文化を興して古代国家として発展できたのは、三国文化の伝来を受けることができたためである。》
「韓国2」の「三国文化の日本伝播」でも次のように述べています。
《我が国の人々ははやくから日本へ渡っていき、各地で彼らを教化するばかりでなく、高句麗系、百済系、新羅系の人々が持っていった新しい文化がその地の土着社会を刺激して、日本の古代国家を成立させた。そのなかでも、百済文化の影響が最も大きかった。百済の阿直岐（アジックキ）と王仁（ワン・イン）は日本に渡っていき、学問を教え、聖王（ソンワン）の代には仏教を伝えてやり、五経博士、医博士、歴博士および美術、工芸の技術者を送った。
いっぽう、高句麗も日本文化に多くの影響をおよぼした。高句麗の僧侶慧慈（ヘジャ）は日本の聖徳太子の師になり、曇徴（タムジン）は儒教の五経と絵を教え、紙と墨の製法まで伝えてやった。日本の誇りである法隆寺の壁画も、曇徴の絵を複写したものである。》
韓国は過去において日本にいろいろなことを教えたとしています。にもかかわらず、現在は、ほとんど全ての分野で日本よりも劣っています。悔しくて悔しくてしょうがないのでしょう。だから世界中に日本の悪口を言いまくっているのです。韓国が日本の悪口を止めるのは、全ての分野で自分たちの方が上になった時です。しかし、そのようなことは起きません。ですから韓国の反日は収まらないでしょう。

韓国の最大の英雄は、伊藤博文を暗殺した安重根であり、日本叩きの材料は慰安婦です。慰安婦の真実については、最近、朝日新聞の虚報、誤報が、マスコミなどに報道され、理解している日本人は多くなりましたが、安重根については余り知られていません。それ故、安重根の説明から入ります。

三　伊藤博文の最期

●まず、暗殺された伊藤博文について触れます。伊藤は天保十二年（一八四一）山口県萩の貧しい家に出生、松下村塾に入門、名を利助、俊輔、博文と変えました。司馬遼太郎氏は著書『世に棲む日日』（昭和五十年、文藝春秋）で「足軽ですらない低い階層の家の子」「松陰は、……こう紹介している。『この生は、伊藤利輔と称する者なり、胥徒（小役人）の末役なれど、反って好んで吾が徒に従いて遊ぶ。才劣り、学稺きも……質直にして華なし。僕、頗るこれを愛す』」と述べています。松陰は伊藤をごく平々凡々な男と評価していました。

ところが、松下村塾の塾生の内、高杉晋作をはじめとして多くの俊才が維新を見ずして死亡、維新以降も薩摩の西郷隆盛、大久保利通、長州の木戸孝允、公家の岩倉具視などが早々にして死亡、生き残った〝第一級品〟の伊藤は、内閣総理大臣（初代）、韓国統監（同）、枢密院議長（同）、貴族院議長（同）に登りつめ、明治二十八年、日清戦争の功績で、宮様、公家、大名（の父）以外で最初に大勲位菊花大綬章が、明治三十九年には宮様以外で大山巖、山縣有朋とともに日露戦争の功績で、大勲位菊花章頸飾が授与されました。

大勲位菊花章頸飾は、大東亜戦争敗戦後、天皇陛下だけがおつけになるもので、戦前は臣下にも生前に授与され、親王殿下、王殿下以外では、伊藤、山縣、大山、松方正義、東郷平八郎、西園寺公望の六人に授与されています。

戦前の「宮中席次」の序列は、大勲位、内閣総理大臣、枢密院議長、元帥、大臣、朝鮮総督、陸海軍大将……の順でした。つまり、伊藤は職務に関係なく、宮中序列は常に筆頭で、名実共に元勲筆頭、我が国内の最大の〝大物〟でした。

●伊藤は明治四十二年十月二十六日、ロシアの蔵相と会談するため、中村是公満鉄総裁、田中清次郎同理事、室田義文貴族院議員、森槐南秘書などを従え、ハルピン駅に到着、ロシア蔵相と会談、ロシア、清国軍隊を閲兵し、安重根に狙撃されました。

その様子を当時の新聞各紙が詳しく報じています（明治ニュース事典 第八巻【明治41年—明治45年】明治ニュース事典編纂委員会 毎日コミュニケーションズ、次の「我が国の新聞は伊藤殺害をどのように報じたか」の各紙記事についても同じ）。その内、明治四十二年十一月一日付大阪毎日の「最後の五分間」を抜粋すれば次の通りです。

《公は二十六日午前九時、露国の特別列車で長春より哈爾賓に着し、出迎えに来たりたる露国蔵相ココツォフ氏と、汽車の中で約二十分間、懇切なる談話を交換し、川上哈爾賓総領事の先導で汽車を下り、ココツォフ氏と相並んで満面に笑みを湛えつつ、歓迎者の先頭に控えたる露国大官、次に清国大官、次に各国領事等と握手を交換し、それより清国軍隊、露国軍隊の整列せる前を、帽子の廂に手をかけて会釈しつつ歩を進め、一番左端の日本人歓迎団の前に来かかり、出口が違ったからと踵を返した。この時まで相並んで居たコ蔵相は、引き返す時に一足後になった。後になったがために、蔵相は九死に一生を得たのだが、公が踵を返して二、三歩を運ぶその途端に、公よりわずかに五尺を隔って露軍隊の最左端に添うて立った、容貌日本人に似たる年頃二十二、三の、鼠色の背広服に鳥打帽子を被った一青年は、イキなりカクシより七連発のピストルを取り出し、銃口を公に向け、続けさまに発砲した。距離はわずかに五尺、落ち付き払った凶漢は十分の狙いを定めて、急所を目がけて三発まで打ち込んだ。……この時公は騒ぎたる色もなく、「やられた。丸がいくつも入ったようだ」と呟き、……気丈の公は中村総裁に対して、「何者か」と聞く。総裁が「朝鮮人です」と答え、なお「森槐南氏も打たれました」と告ぐると、「森もやられたか」と囁いた。……凶行は十余秒の間に行われた。……明治四十二年十月二十六日午前十時、この日本一の政治家は、霜

風寒き万里の異郷で、最後の息を引き取ったのである。》

四　我が国の新聞は伊藤殺害をどのように報じたか

●一方、安重根は明治十二年（一八七九）、韓国黄海道海州の両班（貴族）の家に生まれ、明治三十年（一八九七）天主教の洗礼を受けました。その後義勇軍を組織、抗日運動に参加、伊藤を暗殺しました。何しろ我が国最大の大物です。我が国内は大騒動、怒り心頭、朝鮮はどのような仕打ちを受けるのか大変心配したと思われます。しかし、安重根の伊藤殺害に関して、当時の我が国の新聞は極めて冷静に報じています。その一端を紹介します。

●伊藤暗殺の理由十五箇条（明治四十二年十一月十八日付「東京朝日」）

《（一）王妃の殺害、（二）三十八年十一月の韓国保護条約五箇条、（三）四十年七月、日韓新協約七箇条の締結、（四）韓皇帝の廃立、（五）陸軍の解散、（六）良民殺戮、（七）利権掠奪、（八）教科書焼棄、（九）新聞購読禁止、（十）銀行券の発行、（十一）三百万円国債の募集、（十二）東洋平和の撹乱、（十三）保護政策の名実伴なわざること、（十四）日本先帝孝明天皇を弑害したること、（十五）日本及び世界を瞞着したること等なり。》

●公判における陳述（一）（明治四十三年二月十五日付「時事」）

《自分は十六歳の時妻を迎え、本年三十二歳なり。子供は女一人に男二人あり。……日露開戦の当時に於ける日本天皇陛下の宣戦の詔勅によれば、東洋の平和を維持し、韓国の独立を扶植すると云う事を宣言せられたれば、その当時韓国人民は大いに感激して、日本人のつもりにて日露戦争に働きたる人も尠なからず、……大いに喜び居たりき。……伊藤公が韓国の統監となって来たるや、五箇条の条約を締結したり。この条約なるものは、さきに日本の天皇陛下が発せられたる詔勅に反したるものなりしかば、大いに韓国人民の感情を害し、一同大いに憤慨したり。更に千八百九十七年に至り、七箇条の条約が締結せられ、……決して日本の天皇陛下の聖意に出でたるものにあらず、全く日本の天皇陛下を欺き、かつ韓国上下の臣民を欺きしものなり。故にこの人を殺して、韓国今日の悲境を救わんと、この七箇条協約の当時より決心せしものなり。》

●陳述（三）（明治四十三年二月十七日付「時事」）

《自分は初めより、この決行を成功するも自殺するの考えなし。自分等の目的は、東洋の平和を図り、大韓国の独立を期するに在るものなれば、この目的を達せざる間は決して死するの考えなし。さればとて逃走せんともせず。なんとなれば、この大目的を達する機会を作らんがために、伊藤を殺害したるを悪事と思わず、随って逃走するの必要なければなり。ただ伊藤以外の罪なき人々に負傷せしめたるは、痛ましき事と思い居れり。》

●死刑を前に悠然たる態度（明治四十三年三月二十七日付「時事」）

《死期に近づける彼の態度、食事、睡眠ともに平日と異なる所なく、悠然たるものなりと

云う。》

●最後（明治四十三年三月二十七日付「大阪毎日」）

《母より送り来たれる朝鮮紬の白き上服と黒き洋袴を着け、新しき朝鮮靴を穿きて刑場に入り、栗原典獄死刑執行の旨を告げ、言い残すことなきやとの問いに答えて、「予のここに到りしは元東洋平和のためなれば、更に遺憾なきも、これに立ち会われたる日本の官憲は、今後日韓の親和と東洋平和のために尽力あらんことを切望す」と述べ、最後に、「絞首台上にて東洋平和の万歳を唱えたし」と希望し、祈禱をなすこと三分間にして、徐ろに刑台に上れり。死刑執行後、安の屍体は監獄墓地へ特に寝棺に入れ、厚き待遇を施して埋葬せり。》

安重根は、伊藤殺害の理由を繰り返し、東洋平和と韓国独立を述べていますので、日清戦争、日露戦争の目的と結果を振り返ってみる必要があります。

五　日清戦争が韓国の独立をもたらし「大韓帝国」に

日清戦争の主な原因については、「第五章　中国の我が国への復讐心の増大」で述べましたが、朝鮮を独立国と主張する我が国と朝鮮に対する宗主権を主張する清国との衝突でした。

次は宣戦の詔勅（明治二十七年八月二日　官報）の抜粋です。

《朝鮮は、帝国がその始めに啓誘して、列国の伍伴に就かしめたる独立の一国たり。しこうして清国は、毎に自から朝鮮を以って属邦と称し、陰に陽にその内政に干渉し、……帝国が率先してこれを諸独立国の列に伍せしめたる朝鮮の地位は、これを表示するの条約とともにこれを蒙晦に付し、以って帝国の権利利益を損傷し、以って東洋の平和をして、永く担保なからしむるに存するや疑うべからず。……朕、平和と相終始して、……汝有衆の忠実勇武に倚頼し、速やかに平和を永遠に克復し、以って帝国の光栄を全くせんことを期す。》

外国は一様に清国の勝利を予想していましたが、我が国は、陸軍も海軍も破竹の勢いで、清国軍を連破して勝利し、下関で講和条約を締結、第一条は次の通りです。

《清国ハ朝鮮国の完全無欠ナル独立自主ノ国タルコトヲ確認ス因テ右独立自主ヲ損害スヘキ朝鮮国ヨリ清国ニ対スル貢献典礼等ハ将来全ク之ヲ廃止スヘシ。》

すでに述べましたが、清国は朝鮮の独立を認め、朝鮮王は朝鮮史上初めて皇帝に即位し、国号も大韓帝国としました。

六　日露戦争が韓国の「ロシア属国化」を阻止

日露戦争の原因は、ロシアの東洋侵略です。ロシアは、安政五年（一八五八）清国と愛琿条約を締結して黒竜江北岸を割譲させ、アジアへの侵略を開始しました。

日清戦争の結果、清国が我が国に遼東半島を割譲する内容を含んだ講和条約に調印しますと、その直後、ロシアは、ドイツ、フランスを誘い「日本が遼東半島を占有することは東洋平和の障害になる」との口実を設け、永久占有権の放棄を要求（三国干渉）してきました。

我が国が涙を呑んで遼東半島を放棄しますと、その舌の根も乾かないうちに、明治二十九年に東清鉄道の敷設権を、三十一年に遼東半島の旅順・大連港の租借権を獲得しました。

明治三十三年に北清事変を口実にして満州全土を占領しました。朝鮮は、独立はしましたが、ロシアの南下を防ぐ力はありませんでした。ロシアの野望を放置すれば、朝鮮だけではなく我が国の独立も脅かされる状態になりました。この結果、起こったのが日露戦争です。日本はパンのために戦い、ロシアはバターのために戦うといわれました。

次は宣戦の詔勅（明治三十七年二月十日　官報）の抜粋で、我が国の意図が明記されています。

《帝国の重きを韓国の保全に置くや、一日の故にあらず、これ両国累世の関係によるのみならず、韓国の存亡は実に帝国安危の繋る所たればなり。しかるに露国は、その清国との盟約及び列国に対する累次の宣言に拘わらず、依然満洲に占拠し、ますますその地歩を鞏固にして、ついにこれを併呑せんとす。もし満洲にして露国の領有に帰せんか、韓国の保全は支持するに由なく、極東の平和またもとより望むべからず。……露国は既に帝国の提議を容れず、韓国の安全はまさに危急に瀕し、帝国の国利はまさに侵迫せられんとす。……朕は、汝有衆の忠実勇武なるに倚頼し、速やかに平和を永久に克復し、以って帝国の光栄を保全せんことを期す。》

我が国は、国の存亡をかけて戦って勝利、戦争の結果、講和条約（ポーツマス条約）を締結し、ロシアは、①韓国における我が国の優位②満洲からの撤兵③遼東半島の租借権を我が国に譲渡④南満洲鉄道を我が国に譲渡⑤樺太南部を我が国に譲渡、などを認め、我が国は世界列強の仲間入りをしただけではなく、白人以外の国やロシア周辺国を勇気付けました。

例えば、私が防大第二学年学生（昭和三十四年）の時、トルコの国防大臣が来日し、靖國神社に昇殿参拝した後、防大を訪れ、学生に対して「日本の若き軍人様、日本がロシアを破ったことで、我々は大変励みになった」（要旨）と述べ、日本兵士の勇敢さを称え、敬意を表しました。

この戦争でロシアが勝利していれば、ロシアは韓国を自国領土に編入し、韓国は現在に至るもチェチェン共和国のようになっていた可能性があります。が、韓国では本戦争を「露日戦争」と呼んでいます。

七　日韓併合が「東洋平和」と韓国の近代化を進めた

我が国は日露戦争に勝ち、朝鮮における優位、満洲における権益を獲得、樺太の南半分を獲得しましたが、賠償金がとれず、国力は底を尽き、引き続きロシアと戦える状態ではありませんでした。一方、ロシアは、海軍は全滅、国内に革命の気運がありましたが、陸軍は健在で、潜在的脅威でした。
ロシアの脅威から東洋の平和を確保するためには、日本、清国、朝鮮が合い携える必要がありました。が、韓国は中国への従属から抜け、独立したとはいえ、我が国と一体にならなければロシアからの侵略を阻止できる能力はなく、韓国の中に合併に賛成する政治団体の一進会や在野の有志がいました。
例えば、明治四十二年十二月五日付時事新報は「日韓合併の請願」との見出しを掲げて次のように報じています。
《三日夜に至り三派（一進會、大韓協會、西北會）愈々分裂に決し一進會は日韓合併の誓盟書を四日朝發表し又統監と李總理大臣に建白し尚ほ日韓兩陛下に上奏を請ひしに統監は明答を與へず内閣は開議中なり》
明治四十三年三月二十日付東京朝日新聞も「合邦賛成」との見出しで、次のように報じています。
《十三道新進儒生代表と稱する者二十名署名捺印統監に宛て合邦賛成の上書を出せり文中未だ遲しとせず閣下此際英斷を下されんには擧國一致して歡迎すべしとの文字あり在來の徒黨と異色にして極めて眞面目なり》
また、明治四十三年八月二十四日付大阪毎日新聞は「合併協約通牒」との見出しで、次のように報じています。

《韓國併有協約は既に廿二日午後調印を了したるを以て我政府は二十三日協約の内容を各國政府に通知したる由併し我政府は事前に最も密接の關係ある某國に交渉して其異議なきことを確めたるのみならず他の列國も日本が韓國を併有するを既成の事實として之を認め居れば何れも今回の協約を承認すべく……》

諸外国も韓国における我が国の優位を認めています。何よりも韓国自身も『世界の教科書=歴史「韓国1」』の「韓末の主権守護運動」の「続発した義挙」の中で、次のように述べています。

《日本の強圧で組織的な抗日救国運動が困難になると、侵略の元凶や売国奴の除去でもって民族の鬱憤をはらし、侵略勢力を弱化させようとする個人による義挙が国内外の各地で起こった。

日本の推薦で我が国の外交顧問として来ていたアメリカ人スチーブンスが、本国アメリカで日本の韓国侵略政治を称賛したときに、これに激怒した田明雲（チョン・ミョンウン）と張仁煥（チャン・インファン）が彼を射殺するという事件が発生した。これによってアメリカ人のあいだにも、韓国に対する認識を改め、韓国に深い関心をもつ者が現れだした。

また、安重根（アン・ジュングン）は、韓国侵略の元凶である伊藤博文が大陸侵略の野心をいだき、満州視察を口実にハルピンに到着したとき、彼を銃撃殺害して、全世界に我が民族の独立精神と大韓男児の気性を見せ、日本の大陸侵略を世界に警告した。》

アメリカ人も我が国の指導的立場を認めていたことを韓国の教科書も記述しています。

安重根が伊藤を殺害したのは明治四十二年十月二十六日、処刑されたのが翌・四十三年三月二十六日、一進會の「日韓合併の請願」が明治四十二年十二月四日、十三道新進儒生代表の「合邦賛成」の請願が明治四十三年三月十八日、日韓併合が同年八月二十二日です。

伊藤殺害は日韓併合の時期を早めました。日韓併合から四年後、第一次世界大戦が勃発しましたが、我が国の軍隊の派遣はごく一部で、満洲事変勃発まで二十一年間、戦争はなく、当時としては長期間の平和でした。

日韓併合によって、近代化の遅れた朝鮮に、京城帝国大学をはじめ多くの学校、鉄道、道路、港湾、病院などがつくられ、大いに発展しました。

八　安重根に寛大だった当時の日本人

安重根を「テロリスト」と決め付けず、「義士」と尊敬した日本人も決して少なくありませんでした。特に、直接接した検察官、看守などは彼の行為を理解し、立派だと敬いました。理由は安重根の判断、行為は、間違ってはいましたが、私利私欲からではなく「愛国心」からだと思ったからです。

例えば、中野泰雄氏は著書『安重根　日韓関係の原像』（昭和六十一年、亜紀書房）で、安重根の姿勢、態度、待遇など詳しく述べています。その一部を紹介します。

「『安応七歴史』（筆者注・事件後、安重根が著した書）のなかでは、この十五ヵ条の罪状について、溝淵検察官に述べると、聞きおわった検察官はおどろいてつぎのように述べたと記されている。『いま陳述を聞けば、東洋の義士というべきであろう。義士が死刑の法を受けることは決してあるまい。心配しないでよい』と。安重根はこれに対して、『私の死生については論じないでください。ただ私の思っていることを、すぐに日本の天皇に上奏してください』」

「旅順監獄における安重根への取扱いはきわめて丁重であったらしい。安の記述によれば、毎日接触する典獄、警守係長、およびその他の官吏たちは特別に厚く待遇するので、安重根は感動し、これはまことか夢か……溝淵検察官の尋問も、常に被告を手厚く扱い、取調べがおわると、常に金口煙草をすすめ、煙草を吸いながら語りあったが、その論ずるところは公直で、同感の感情が態度にあらわれていた」

「旅順監獄においては、栗原典獄も、中村警守係長も常に安重根を特別に優遇し、一週間に一度は入浴することができ、また毎日、午前と午後に一度ずつ監房から出て事務室に行くことができ、そこで各国の上等の紙煙草を喫うことができ、また西洋の果物とともに茶や水を十分にあたえられた。三度の食事には上等の白米がだされ、下着もよい品のものが着換えとしてあたえられ、綿入り布団四枚が寝具として支給され、蜜柑、林檎、梨などの果物が毎日三度だされ、牛乳も毎日一瓶ずつあたえられた……」

小室直樹氏も著書『韓国の悲劇』（昭和六十年、光文社）で次のように述べています。

「満鉄の筆頭理事田中清次郎氏は、『あなたが今まで会った世界の人々で、誰が一番偉いと思いますか』との安藤豊禄氏の問いに対して、言下に『それは安重根である』と言い切った。『残念ではあるが』という一言をそえて（安藤豊禄『韓国わが心の古里』原書房）。……伊藤公がハルピンでロシアのココチェフ蔵相と会談するに際しての、フランス語の通訳としてついてきたのだ。……その田中氏が、恩人の仇、安重根こそ世界一の人物だと言下に断言したのであった。……しかも旅順監獄における安重根の取り扱いは、きわめて丁重であった。……どっかの拘置における田中角栄以上の待遇ではないか。それもこれも安重根の主張と態度があまりにも見事であったからである。……揮毫をもとめる者がワンサワンサ。安重根は、墨根淋漓『為国献身軍人本分』と大書した。平石高等法院長はこれを家宝とした」

なお、中野泰雄氏は前掲の著書『安重根』の中で「刑場に向って出発する直前に、安重根は旅順監獄で看守の役をつとめていた陸軍上等兵千葉十七のために筆をふるい、絹張に『為国献身軍人本分』と大書した。見事な文字である。……千葉十七の姪三浦くに子から韓国研究院（崔書勉院長）の手を通じてソウルの安義士記念館に寄贈され、」と述べています。

平成十四年『親日派のための弁明』を出版した金完燮氏は、韓国内で本著出版を糾弾され、西尾幹二氏との共著『日韓大討論』（平成十五年五月、扶桑社）の中で「多くの人々や団体から告訴され、全国指名手配、逮捕、拘束、出国禁止、亡命申請など、大変な苦労をしなければなりませんでした」と述べています。

その金氏が『日韓「禁断の歴史」』（平成十五年十一月、小学館）の中で「世界基準で伊藤博文に遠く及ばない安重根」「安重根が主張した『伊藤の罪状』は出鱈目」と述べ、伊藤を評価し、安重根を批判する一方「今日、日本の歴史を見直す運動の中心的存在である『新しい歴史教科書をつくる会』でも『安重根は韓国の英雄だ』『安重根を個人的に尊敬している』という発言が出ていることは、私にとって大変な衝撃だった」と驚いています。

少なからずの日本人が安重根を尊敬した理由は①安重根は五尺（当時の毎日新聞の報道）の距離、（中野氏の著書では二間半）から伊藤を射殺、勇気ある行動②射殺した途端、ロシア兵に捕まって死刑は覚悟の上の行動③犯行は間違っているが、動機は憂国の情からで、私利私欲ではない④相手は日本の最大の大物、相手にとって不足はない「強きを挫き、弱きを助ける」など、日本の武士道と重ね合わせ、明治・日本人の心を打ったものと思います。

九　「慰安婦」を煽り国の名誉を貶めた国内の勢力

韓国では、朝日新聞の虚報、誤報などに基づき「慰安婦」を性奴隷と称して世界中に日本の「悪行」として宣伝しています。この際、慰安婦の宣伝を誘発した国内の勢力に触れなければなりません。

●河野談話

韓国が慰安婦の強制連行を強調する最も重大な声明は、宮澤内閣が総辞職する前日の平成五年八月四日の河野洋平官房長官による次に示す「河野談話」（主要部分）です。

《……今次調査の結果、長期に、かつ広範な地域にわたって慰安所が設置され、数多くの慰安婦が存在したことが認められた。慰安所は、当時の軍当局の要請により設営されたものであり、慰安所の設置、管理及び慰安婦の移送については、旧日本軍が直接あるいは間接にこれに関与した。慰安婦の募集については、軍の要請を受けた業者が主としてこれに当ったが、その場合も、甘言、強圧による等、本人たちの意思に反して集められた事例が数多くあり、更に、官憲等が直接これに加担したこともあったことが明らかになった。また、慰安所における生活は、強制的な状況の下での痛ましいものであった。

なお、戦地に移送された慰安婦の出身地については、日本を別とすれば、朝鮮半島が大きな比重を占めていたが、当時の朝鮮半島は我が国の統治下にあり、その募集、移送、管理等も、甘言、強圧による等、総じて本人たちの意思に反して行われた。

いずれにしても、本件は、当時の軍の関与の下に、多数の女性の名誉と尊厳を深く傷つけた問題である。……》

河野談話についても後でも述べます。ここで見落としてならないものに、「河野談話」の一年半前の「加藤談話」と朝日新聞の慰安婦についての報道です。

●加藤談話

加藤紘一官房長官は宮澤喜一首相が平成四年一月十六日訪韓する前の一月十三日、次のような談話（要旨、平成十七年八月三日付産経新聞）を発表していました。

《今回発見された資料や関係者の方々の証言やすでに報道されている米軍等の資料を見ると、従軍慰安婦の募集や慰安所の経営等に旧日本軍が何らかの形で関与していたことは否定できないと思う。この機会に改めて、従軍慰安婦として筆舌に尽くし難い辛苦をなめられた方々に対し、衷心よりおわびと反省の気持ちを申し上げたい。》

「加藤談話」は、日本政府として初めて公式に謝罪を表明したもので、韓国に迎合した談話であり、何よりも、宮澤首相が十六日からの韓国訪問に持参する最大の〝土産〟でした。それにもかかわらず、擦り寄り方が少ないとして韓国が納得せず、宮澤首相と盧泰愚大統領との会談においても取り上げられました。それから一年半、日韓両国が水面下で調整が行われました。

政府は、韓国の意向を最大限受け入れた談話を作成した後、平成五年七月二十六日から三十日の間ソウルで、元慰安婦十六人から形式的に聴取、発表したのが「河野談話」です。「加藤談話」は宮澤首相の訪韓直前、「河野談話」は宮澤内閣が総辞職する前日です。両談話とも無責任の極みです。

両談話とも宮澤首相が絡んでいます。宮澤首相の遺族は、宮澤氏の死後叙勲（大勲位）を辞退しました。首相の叙勲辞退は聞いたことがありません。遺族が辞退したとはいえ、宮澤首相の意思であることは間違いないでしょう。

これに対して、河野氏は桐花大綬章を拝受しています。自民党は河野氏の国会招致を拒んでいますが、叙勲の返納を勧告すべきではないでしょうか。

●朝日新聞

朝日新聞が平成二十六年八月五日、「慰安婦問題を考える」との見出しを掲げて、吉田精治氏の「『済州島で連行』証言」などについて、次のように報道しました。

☆「吉田氏が済州島で慰安婦を強制連行したとする証言は虚偽だと判断し、記事を取り消します。当時、虚偽の証言を見抜けませんでした。済州島を再取材しましたが、証言を裏付ける話は得られませんでした。研究者への取材でも証言の核心部分についての矛盾がいくつも明らかになりました」と述べました。

吉田証言のウソは三十年以上前に指摘されています。朝日新聞も内心では虚偽であると思っていた筈です。にもかかわらず、今まで取り消さなかった本心はどこにあるのでしょうか。この証言報道が独り歩きして、「慰安婦強制連行」が世界にも広がったのです。

☆「『挺身隊』との混同」について「女子挺身隊は、戦時下で女性を軍需工場などに動員した『女子勤労挺身隊』を指し、慰安婦とはまったく別です。当時は、慰安婦問題に関する研究が進んでおらず、記者が参考にした資料などにも慰安婦と挺身隊の混同がみられたことから、誤用しました」と述べています。

「挺身隊」と「慰安婦」は全く別であることは、発表当時、我が国には、挺身隊だった人、挺身隊のことを熟知している国民が大勢いました。だから聞けば挺身隊と慰安婦が別であることはすぐ分かった筈です。朝日新聞社の社員の中にも当然いたと思います。

「挺身隊」を「慰安婦」に含めたため、慰安婦の数が膨大になり、この数が独り歩きしました。今頃になって「誤用」などと他人の責任にするのは卑怯です。

☆強制連行の最大の根拠とした吉田証言が虚偽だとしながら、「強制連行」の項の結論で、「問題の本質は、軍の関与がなければ成立しなかった慰安所で女性が自由を奪われ、尊厳が傷つけられたことにある」と述べています。大前提が崩れたにもかかわらず、結論が同じとは驚きです。この論調は学部の卒業論文でも落第です。

軍が関与したのは、性病の予防・治療、酷使の防止などが目的で、むしろ当然のことでした。

安倍首相は平成二十六年八月八日、産経新聞の単独インタビューで、次のように述べました（八月九日付産経新聞）。

《朝日新聞が取り消した吉田精治氏の強制連行証言が事実として報道されたことにより、日韓の二国間関係に大きな影響を与えた。全ての教科書にも強制連行の記述が載ったのも事実だ。第一次安倍政権では「政府発見の資料の中には軍や官憲によるいわゆる強制連行を示すような記述は見当たらなかった」という閣議決定を行ったが、改めて間違っていなかったということが証明された。
報道によって多くの人が悲しみ、苦しむことになったのだから、そうした結果を招いたことへの自覚と責任感の下、常に検証を行うことが大切ではないか。朝日新聞関係者や河野洋平元官房長官の国会招致は国会が判断すべきだ。政府としてコメントは控えたい。》
安倍首相の発言にあるように、平成九年度から使用されていた中学校歴史教科書に慰安婦について、次のように一斉に記述されました（見本本から）。
☆教育出版
「多くの朝鮮人女性なども、従軍慰安婦として戦場に送り出された」
☆東京書籍
「多数の朝鮮人や中国人が、強制的に日本に連れてこられ、工場などで過酷な労働に従事させられた。従軍慰安婦として強制的に戦場に送りだされた若い女性も多数いた」
☆日本書籍
「朝鮮・台湾にも徴兵制をしき、多くの朝鮮人・中国人が軍隊に入れられた。また、女性を慰安婦として従軍させ、ひどいあつかいをした」
☆大阪書籍
「朝鮮などの若い女性たちを慰安婦として戦場に連行しています」
☆清水書院

「朝鮮や台湾などの女性のなかには戦地の慰安施設で働かされた者もあった」
☆日本文教出版
「植民地の台湾や朝鮮でも、徴兵が実施された。慰安婦として戦場の軍に随行させられた女性もいた」
☆帝国書院
「朝鮮の人々も『日本の天皇の赤子（天皇を父とする子供たち）』であるとする政策により、日本語の使用が強制され、神社への参拝を強要し、姓名を日本式に改めさせました。戦争にも、男性は兵士に、女性は従軍慰安婦などにかり出し、耐えがたい苦しみをあたえました」

朝日新聞の今回の「開き直り」報道を褒め称えたのは、韓国のメディアです。例えば、
☆聯合ニュース
「慰安婦問題が日本社会に広まるのに大きな役割を果たした朝日新聞が、特集記事で女性に対する自由の剥奪や尊厳蹂躙など、慰安婦問題の本質を直視しようと提案した」（八月六日付読売新聞）。
☆朝鮮日報
「安倍首相と産経新聞など極右メディアは朝日新聞を標的にし、『慰安婦＝朝日新聞の捏造説』まで公然と流布させている」「朝日は、一部が誤まっていたとしても慰安婦問題自体を否定することはできないとした」「朝日の今回の記事は、『慰安婦の強制動員はなかった』と

いう考えを持つ安倍首相への直撃弾でもある」（八月七日付産経新聞）

☆中央日報

「朝日は、日本の保守勢力が唱える（慰安婦問題に関する）責任否定論に警告を発した」（同）

韓国からお褒めの言葉を頂いた朝日新聞、とても日本の新聞とは思えません。平成二十六年八月五日の無責任極まる「言い訳」「正当化」報道について、各方面から一斉に非難されますと、九月十一日に至り社長が謝罪しました。が、相手は「読者と関係者」です。

それだけではありません。読者投稿欄「声」では、朝日新聞の誤報を励ます投稿の声を掲載しています。例えば、

九月十八日付では

●「小学生のころ、授業で使うために新聞を持って行くと、先生から『朝日新聞なの？　すごいね』と褒められた。……『すごいね』と褒められたあの日のようになるまで、父と一緒に朝日新聞を応援し続けたい」

●「一日も早い名誉挽回と信頼回復を心待ちにしている」

九月二十日付では

●「もう一度、原点に返って『やっぱり朝日』と言われる記事を書いてほしい」

●「どうか、ピンチをチャンスに変えてください」

●「これを機に新聞人としての誇りを胸に正確な記事を読者にお届けすると再出発を誓う。

その心意気に拍手を送ります」

自社の大不祥事にエールを送った投稿を掲載するとは開いた口が塞がりません。これが朝日新聞の本性でしょう。自社の報道が我が国の名誉と国益に重大な損失を与えたことに何ら反省していません。本心からの謝罪であれば、国家、国民に謝罪し、廃刊にするか、当分の間休刊にするか、発売を続行するのであれば、連日、国民に対する謝罪のコメントを載せるべきです。

十　帝国陸軍将校を上回る慰安婦の収入

本節は、『ディフェンス』(平成九年春季号、社団法人隊友会)に掲載された拙論・「社会党死して『反日教科書』残す」を若干修文、加筆したものです。

私は、旧軍の少なからずの兵隊さんから、慰安婦について正しい論文を書いて貰いたい、講演でも実態を紹介して貰いたい、このままでは靖國神社の英霊に顔向けが出来ない、とのお手紙を頂きました。兵隊さんなどから聞いた慰安婦の実態を要約します。

●慰安婦は従軍していない

旧軍には、従軍看護婦、従軍僧侶、従軍記者はいましたが、「従軍慰安婦」はいません。「慰

「安婦」はいましたが、慰安婦は従軍していません。「従軍慰安婦」という言葉はありませんでした。

従軍看護婦は最前線で兵士を看護したり、従軍僧侶も最前線で読経をしたりしても兵士から処置代金やお布施をとりません。しかし、慰安婦は、「慰安（売春）という商行為」を行うため、業者の管理下で、後方の安全地帯に慰安所を開設し、その都度、兵士から十分な代金を受け取りました。

芥川賞作家で、東南アジア戦線に召集された古山高麗雄さんは「私が知っているのは南方の慰安所だけで、他の地域については知らないが、『十二歳の慰安婦がいた』とか、『客を取るのを拒否したために兵士にまた裂きにされた』というような証言は、軍隊にいた者として信じられない。一部の不良兵士がレイプ事件を起こしたことはあるし、業者が軍の意向に沿って動いていた側面も確かにあるだろうが、軍隊が組織をあげて『慰安婦狩り』のようなことをすることはあり得ない」（平成九年三月二十三日付産経新聞）と述べています。

●慰安料は高額、兵士よりは自由

朝日新聞は平成二十六年八月五日付で、「（慰安所で）兵士は代金を直接間接に払っていたのはたしかですが、慰安婦にされた人々にどのように渡されていたかははっきりしません」と述べています。

泊まりでなく、一回の慰安料は、場所によって若干差がありましたが、中国戦線で衛生兵だった旧軍人さんから頂いた手紙によれば、兵は一円、下士官は二円、将校は五円、古山高麗雄さんは、ビルマの慰安所では「確か、兵が二円、下士官が三円、将校が五円だったと思う。みんな少しでも慰安婦たちに気に入られようと、決められた料金以上に払う人が多かった」「束縛はあったが、それは兵士も同じこと。慰安婦は兵士よりは自由だったのではないか」(同)、また、現地でのレイプ事件については「そんなことをすれば、憲兵に捕まって、軍法会議にかけられる。『ジャワで現地の女性をレイプして、営倉(軍隊内の留置場)に入れられた奴がいる』という話を聞いたが、ビルマではレイプの話は聞いたことがない」(同)と述べています。

当時、陸軍大将の月給が五百五十円、陸軍大佐が三百十円～三百七十円、陸軍大尉が百二十二円～百五十五円、陸軍少尉が七十円、東京帝大出の官吏の初任給、地方の小学校の教頭クラスが七十円、准尉が七十五円～百十円、曹長が三十二円～七十五円、軍曹が二十三円～三十円、伍長が二十円、上等兵が十円、二等兵が七円でした。二等兵にとりましては、一回の慰安料が月給の七分の一ないし七分の二でした。

慰安婦の収入は兵士の給料に比べて極めて高額でした。遊郭などで稼ぐ売春婦が、遊郭よりも高収入となる慰安婦となった女性も少なくありませんでした。兵士が支払った慰安料は、経営者や内地人の慰安婦であれば内地人の、朝鮮人であれば朝鮮人の、中国人であれば中国人の周旋業者にも渡ったでしょうが、当時としては高額で、数年働けば親の借金を返済できました。

●強制連行はしていない

朝日新聞や韓国人は強制連行したといっていますが、政府は、いろいろな資料を調べた結果、軍や官憲による強制連行を示す記述は見当たらなかったと述べています。

大体、我が国において売春防止法が施行されたのは昭和三十二年、それまでは公の売春は合法でした。応募すれば、集まりました。売春婦は衆院議長などの政治家や財閥の令嬢ではなく、貧しい家庭の人たちで、同情を禁じ得ません。二・二六事件当時、冷害などのため、生活に困窮している家庭は少なくありませんでした。徴兵で入営した兵隊の姉や妹の中にも遊郭で働かされている人もいました。にもかかわらず、私利私欲を貪り、連日連夜遊興に耽っている政治家や財界人がいました。正義感の強い青年将校は憤慨し、これが決起の原因の一つでした。

アジアの国は日本よりもさらに貧しく、家庭の困窮を救うために業者の募集に応じ、慰安婦（売春婦）になったのです。すでに述べましたように、軍が関与したのは性病の予防・治療、酷使の防止が目的でした。

前述しました中国に勤務した衛生兵の人から頂いた手紙で「慰安婦の検査をしたところ性病に罹っていた。その慰安婦は『兵隊早く治せ』と毎日のように催促する。理由を聞けば、『家を出るとき、親が周旋屋から、沢山金を受け取った。借金を返済しなければならない。早く商売をさせてくれ』と答えた」と述べられていました。また、「『金は十分支払った』と橋本（筆者注・龍太郎氏）に伝えてほしい」との「はがき」もありました。

さらに言えば、慰安婦がもっとも多かったのは日本人です。例えば、「内閣官房内閣外政審議室」報告書には次のような記録があります。

《「父島要塞司令部参謀部陣中日誌」（昭和十七年五月九日）、「発出者　東部軍」、「宛先　父島要塞司令部」「女子を洲崎から二十六名、吉原から十五名業者が準備し、十五日頃出帆予定の芝園丸で輸送予定」。》

これは当時の遊郭である洲崎や吉原の遊女（売春婦）を本土防衛のために昭和十六年に編成した父島要塞守備隊への輸送計画です。この人たちは損害賠償しろなどと騒いだりしません。

十一　歴史を直視しない朴槿恵大統領

韓国の朴槿恵大統領の反日的態度は目に余るものがあります。「慰安婦」問題に止まらず、安重根の悪用にも発展させました。平成二十五年中国訪問中の六月二十八日、習近平中国国家主席と昼食中、明治四十二年（一九〇九）にハルピン（黒龍江省の省都）で、伊藤博文を暗殺した安重根の記念碑をハルピン駅に設置するよう要請、中国は平成二十六年一月石碑ではなく、「安重根義士記念館」を開設、一月十九日開館式典を行いました。

しかし、朴氏の今日あるは誰のお陰なのでしょうか。歴史を直視すべきは朴大統領の方です。朴氏の父君は元大統領の朴正熙氏です。

朴正熙氏は大正六年（一九一七）、慶尚北道の貧しい農家に生まれました。「両班」の息子に生まれた安重根とは大きな違いです。

朴氏は大邱の師範学校を卒業し、小学校の教員を務めました。戦前、優秀でありながら、経済的理由で中学校に進学できない子弟は、高等小学校を経て、将来の陸軍大将を夢見て陸軍幼年学校に進むか、教員を目指して師範学校に進学しました。両校とも難関で、師範学校に進んだ朴少年は極めて成績が優秀だったと思われます。

教員を務めた後、満洲国軍官学校（満洲国の士官学校、現在の我が国の防衛大学校相当）に進学して優秀な成績で卒業し、日本の陸軍士官学校（五十七期）に留学、昭和十九年四月に卒業、敗戦時、陸士の同期は日本国の陸軍中尉、朴氏は満洲国軍中尉、創氏改名して高木正雄と名乗っていました。

満洲国軍官学校には、満洲族、朝鮮族、モンゴル族、漢族、日本民族の五族の人が入校しました。私が陸幕の幕僚時代、満洲国軍官学校出身者もいました。陸上自衛隊では、軍官学校出身者は人事上、陸軍士官学校卒業生と同格で、もちろん将官になった方もおられます。

朴元大統領は朝鮮戦争勃発時、韓国陸軍の少佐で、陸軍本部作戦情報室長、昭和三十六年

（一九六一）、陸軍少将の時、軍事クーデターを起こし実権を掌握、昭和三十八年（一九六三）、軍を退役して大統領選挙に出馬して当選、昭和四十年（一九六五）、日韓基本条約を締結、「漢江の奇跡」と言われる近代化を図りました。その朴大統領が、安重根が伊藤を射殺した明治四十二年（一九〇九）十月二十六日から丁度七十年後の昭和五十四年（一九七九）十月二十六日に側近に射殺されました。

安重根が処刑されたのが明治四十三年（一九一〇）三月二十六日、それから三十五年十一カ月後の昭和十一年（一九三六）二月二十六日に二・二六事件が起きました。伊藤博文、朴大統領の殺害、安重根の処刑、二・二六事件、奇しくも二十六日です。

日韓併合がなければ、「両班」出身でなく、貧しい農家出身の朴正熙氏は、上級学校に進学できず、勿論大統領にはなれなかったでしょう。朴元大統領の令嬢である槿恵氏も大統領にはなれなかったでしょう。また、日韓基本条約を結ばなければ今日の韓国の繁栄はなかったでしょう。朴槿恵大統領は歴史を直視すれば、現在のような「反日」姿勢をとれないはずです。

安重根を反日のシンボルとして、ハルピンに記念館を造ってもらったり、サッカーの日韓戦に写真を掲げたりしても、決して日韓の友好や東洋平和を願っていた安重根は喜ばないでしょう。何度も述べますように、日本の中にも安重根を尊敬する者がいたのです。安重根だけでなく、朴正熙元大統領も長年に亘って朝鮮を属国として扱った漢族の威を借りて、日本を攻撃する槿恵大統領や国民の姿を見て嘆いているのではないでしょうか。

十二　朝鮮名のまま帝国陸軍の中将に

次は「創氏改名」について述べます。

韓国人は、朝鮮人に日本式の名前を強制したと非難します。この意見に同調する日本人もいます。が、これは大変な間違いです。

我が国の民法七五〇条は「夫婦は、婚姻の際に定めるところに従い、夫又は妻の氏を称する」と定めています。「氏」とは「家」を表すもので、朝鮮には「氏」はなく、「姓」です。「姓」とは一族、一門を表すものです。家庭を持っても夫と生まれた子供は夫の「姓」ですが、妻は実家の一族、一門を表す「姓」しか名乗れません。「創氏改名」とは、夫、妻、子供が同じ名前を名乗るために、家を表す「氏」を創り、「名」を日本式に改めるものでした。

「氏」の創設は義務でしたが、「改名」には当局の許可が必要でした。日本人と朝鮮人の区分が出来なくなるとの理由で日本人の中には「改名」に対する反対の意見がありました。

「創氏」に際し、「姓」をそのまま「氏」にできました。例えば、洪思翊氏は、「姓」である「洪」をそのまま「氏」にし、改名をせず、陸軍中将になりました。

陸軍中将とは大変な高官です。すでに述べましたが、陸軍大臣も中将で就任できました。

東條元首相は、近衛内閣の陸軍大臣の時、中将でした。洪中将は陸軍士官学校第二十六期、陸軍大学校第三十五期で、陸士同期の陸大出身者で大将になったのは、硫黄島の最高指揮官で、玉砕した栗林忠道将軍ただ一人です。他の同期生は、敗戦の昭和二十年時点で中将又は少将です。洪思翊氏は昭和十九年に中将に昇進していますから決して冷遇されていません。日本式の名前が強制であれば、朝鮮名のままで帝国陸軍の中将にはなれなかったでしょう。因みに、少将以上を「閣下」と呼び、都道府県知事も「閣下」でした。

さらに言えば、当時の国際社会は白人優位で、白人以外では日露戦争に勝って、世界の一等国になった日本人だけが白人並みの扱いを受けていました。日韓併合で日本国民となった朝鮮人の中では自分のステータスを高めるため、創氏改名の前から進んで、日本名を名乗る人が少なからず存在したことは、自明の事実です。

創氏改名を熱望した例として、中学時代、満洲で送り、戦後、警察官を勤めて退官されたA氏から「私が満洲にいた頃、朝鮮人たる日本国民が『A君、満洲人が僕のことを朴というが、僕は朴でなく、日本人の木村だと証明してくれ』と頼まれ、証明したことがある」との電話を頂いたことがあります。

このようなことから、敗戦から当分の間、韓国人は日本名を強制されたとは言わなかったのです。韓国人は歴史を直視すべきです。

十三　謝罪はもうごめんだ

韓国は、前産経新聞社ソウル支局長・加藤達也氏の朴槿恵大統領についてのコラムが名誉棄損にあたるとして、平成二十六年十月八日、在宅起訴しました。

加藤氏は平成二十六年十一月七日付産経新聞で「『収拾できぬ政府、もの言えぬ検察』政権の本質」との見出しで次のように述べています。

《八月に二度（筆者注・十八日と二十日）の出頭をすると国際世論は韓国を厳しく批判しました。韓国政府や法務・検察当局に太いパイプを持つ法曹関係者によると、大統領府はこの時点でなお、検察に呼び出して揺さぶれば産経は謝ると読んでいたというのです。しかし、謝罪も訂正記事もひき出すことはできなかった。

最後の取り調べとなった十月二日、ソウル中央地検の担当検事は私に大統領府との和解について確認し、私が具体的な動きがないことを伝えると失望していました。》

韓国は産経を脅せば謝罪して訂正、今後、韓国に好都合な記事を書くとタカを食っていたと思われますが、読みが外れたため、引っ込みがつかなくなり、起訴したものと思われます。

韓国が、産経新聞が謝罪、訂正するであろうと考えたのは、今まで我が国の閣僚の発言が韓国から抗議を受け、謝罪するだけではなく罷免してきた〝前科〟があるからでしょう。

強力に印象に残っている例は、昭和六十一年九月、藤尾正行文相の「文藝春秋」十月号（十日発売予定）の発言に対する罷免です。次に示す内容（九月六日付朝日新聞から抜粋）のコピーが、事前に官邸記者クラブにバラまかれました。

《日韓併合（一九一〇年）について「形式的にも事実の上でも両国の合意の上に成立している。韓国側にもいくらかの責任がある」と、……文相は、中曽根首相が先月、靖国神社への公式参拝を見送ったことについても「相手（外国）に合わせることが外交、というのは錯覚」「A級戦犯の合祀をやめることで事態を解決しようとした中曽根の姿勢はおかしい」》

アジア競技大会の開会式出席のため、十数日後に訪韓を控えた中曽根首相は驚いて九月八日、藤尾文相を首相官邸に呼び辞任を求めましたが、藤尾氏が拒否したため罷免しました。

九月二十日訪韓した中曽根首相は、国立墓地（我が国の靖國神社に相当）参拝後、大統領官邸に全斗煥大統領を表敬訪問し、次のように述べました（二十一日付朝日新聞）。

《先般はわが国の前閣僚の発言の一部に妥当を欠くことがあり、過ちを犯した。心から遺憾の意を表する。政府はこれを重大かつ深刻に受け止め、罷免の措置を講じた。にもかかわらず、大統領閣下、韓国民のみなさんが寛大な気持ちと特別の配慮を下さり、外相会議が行われ、私の訪問も実現したことに厚くお礼申し上げる。》

同日付読売新聞は「最大級の〝陳謝〟」との見出しを掲げていました。

今回の産経新聞社の態度は、主権国家として高く評価されます。政治家は見習うべきです。中国ばかりでなく、韓国に対する謝罪も、もうごめんです。

第七章　靖國神社参拝を拒絶する防衛相と防大校長

一　参拝を止めた防衛庁長官、英霊を貶めた元長官

中曽根首相が中国の圧力に屈して靖國神社参拝を止めて以来、参拝した首相は、宮澤喜一氏、橋本龍太郎氏、小泉純一郎氏、安倍晋三氏の四人だけです。が、首相が参拝しなくても、中谷元氏までの歴代の防衛庁長官は、ごく一部を除き、参拝して来ました。

中谷防衛庁長官は平成十四年八月十五日に参拝後、「国務大臣たる中谷元が日本人として心をこめて参拝した」（八月十五日付朝日新聞夕刊）と述べました。が、平成十四年九月、石破氏が中谷氏の後任として長官になりますと参拝を止めてしまいました。これが防衛庁長官、同大臣不参拝の走りとなり、石破氏以降の防衛庁長官、防衛大臣は参拝していません。

石破防衛庁長官は平成十六年、参拝するか否かを問われ、「行くつもりはない。選挙区の護国神社に毎年行っている」（八月十日付朝日新聞夕刊）と述べ、参拝しませんでした。防衛庁長官が選挙区だけの護国神社参拝は「票」目当て、「公」軽視ではないでしょうか。

石破氏は「A級戦犯」の分祀について「大東亜戦争で国家をああいう運命に陥れた人の責任を曖昧模糊にしている。（分祀に）基本的に賛成だ」（平成二十年九月十五日付産経新聞）と述べ

ましたが、父の石破二朗氏は「A級戦犯」合祀後も中国が文句を言わなかった昭和五十五年八月十四日、鈴木内閣の自治相として参拝しています。

また、著書『国難』の中で「日本は何をしてきたかと検証することなしに、集団的自衛権や靖国、憲法の議論を進めてはいけない」と述べています。石破氏の底意は、集団的自衛権の行使、憲法改正、靖國神社参拝に反対なのではないでしょうか。

中谷氏が第三次安倍内閣で防衛相に就任しました。中谷氏は防大二十四期、久し振りに防衛相が靖國のご英霊に心から感謝と尊敬の念を込めて参拝するでしょう。

加藤紘一元防衛庁長官も趣旨が一貫しない発言をしています。平成十七年七月、首相の参拝について「A級戦犯が合祀される前は国内問題だったが、その後は外交問題になった。慎重であってほしい」（七月二十九日付朝日新聞）と述べました。だが、「A級戦犯」が合祀された後も、中国が文句を言わなかった頃、例えば、昭和六十年八月十五日、中曽根内閣の防衛庁長官の立場で公式参拝しています。「A級戦犯」が合祀されて外交問題になったのではなく、中国が突然外交問題にしたのです。

また、加藤氏は平成十八年八月十五日、小泉首相が参拝しますと、産経新聞（八月十八日）のインタビューで、次のように述べました。

《国のために亡くなった人に追悼の誠をささげるのは当たり前だ。特攻隊兵士が「靖国で会いたい」と言った歴史的事実は消えない。だが、同じ御霊の水の中に、自分に突撃を命じ

た偉い方が一緒に入って騒がしくなるより、彼らだけで追悼されるのが本当の追悼だ。》

この発言の前段部分は付け足しで、本音は後段部分にあります。防衛庁で最も偉かった人、一朝有事の際、隊員に突撃を命じる立場にあった人の発言とは思えません。加藤氏の後段部分の発言が本心からであれば、中曽根首相から防衛庁長官の打診があった時、辞退すべきでした。大臣を得るために魂を売ったということではないでしょうか。誠に許し難い発言です。

二　首相参拝反対者が二代続けて防大校長に

小泉首相は平成十三年四月十八日、自民党総裁選挙の公開討論会で「首相に就任したら八月十五日にいかなる批判があろうとも必ず参拝する」（八月十四日付産経新聞）と約束しました。が、公約に反して十五日に参拝せず、十三日に参拝し、同時に「……この大戦で、日本は、わが国民を含め世界の多くの人々に対して、大きな惨禍をもたらしました。とりわけ、アジア近隣諸国に対しては、過去の一時期、誤まった国策にもとづく植民地支配と侵略を行い、計り知れぬ惨害と苦痛を強いたのです。……」との村山談話以上の「謝罪談話」を発表し、十三日参拝を帳消しにしにしました。

小泉首相はその後、十八年まで参拝日を変えて毎年参拝、平成十八年には内閣総理大臣として二十一年ぶりに八月十五日に参拝しました。

反面、小泉内閣の閣僚の参拝数は年々減少、細川内閣、村山内閣でも五〜十人程度参拝していましたが、最後の平成十八年は首相を含め三人でした。さらに問題なのは、首相の参拝を批判している五百旗頭氏を防大校長に就任させたことです。

何故、小泉内閣は、五百旗頭氏を防大の校長にしたのでしょうか。小泉氏は行きがかり上、靖國神社には参拝しましたが、中国に対して、靖國参拝の代償として士官学校長に親中派の五百旗頭氏を差出したのです。これでは遺族会の票ほしさに参拝したと言われても仕方がないでしょう。

五百旗頭氏の後任として野田内閣が校長に就任させたのが現校長の国分良成氏です。国分校長は、小泉首相が平成十三年、靖國神社に参拝した直後の八月二十一日付朝日新聞夕刊で次のように述べています。

《三年前の金大中大統領訪日は、日韓の歴史問題の溝を埋めることで大成功を収めた。この時の金大統領の英断と戦後日本の平和と発展に全面的な賛辞を贈る国会演説は、われわれに大きな感動を与えた。これには故小渕首相の功績も大きい。ところが今年に入り、教科書問題と小泉首相の靖国神社参拝問題により、特に韓国との関係が崩れている。……参拝を断念すれば、韓国では一挙に関係が好転する可能性があった。……短期的な国内政治しか視野にない政府の行動は、政治的に苦しい金大統領をさらに窮地に追いやった。日本は「恩」を「仇」で返している。……中国は今回の靖国問題に対してもかなり抑制した対応である。中国の希望通り八月十五日の参拝を外し、「侵略」を認めた首相談話を発表したことに安堵したからだろう。ただ「対日弱腰」の反発が指導部内にも世論にも強く、政府はこれを抑えるのに苦慮している。日本に対する堪忍袋にも限界があろう。》

この内容は日本人ではなく、中国人か韓国人が書いたものと勘違いします。野田内閣は、国分氏のこの論説を読んだ上で、校長に任命したのでしょうか。五百旗頭、国分両氏とも、次に述べる防大生の伝統行事である靖國神社参拝を承知の上で士官学校たる防衛大学校の校長を引き受けたのでしょうか。それとも知りながら防大校長の名誉をほしさに引き受けたのでしょうか。

三　伝統を守り五十年参拝を続ける防大生

防衛大臣は参拝せず、前校長の五百旗頭氏、現校長の国分氏は、首相の参拝に反対しましたが、防大生が毎年十二月の上旬又は十一月の下旬、防大から靖國神社まで約七十五キロを夜間行軍して昇殿参拝しています。

この参拝について、靖國神社発行の『靖國』の毎年一月一日号に紹介されています。参拝数は年によって若干差がありますが、五百人前後です。防大の一個学年の数は約五百人ですから、防大生は在校中、平均一回参拝する計算になります。

記事の最後に夜間行軍の由来が書いてあります。例えば、『靖國』（平成二十七年一月一日号）に「尚、この夜間行軍は、昭和三十六年に学生有志十二名が行って以来、学生の自主的行事として毎年続けられており、本年で五十三年目となった」と述べています。

私はこの記述を読むたびに、昭和三十六年十二月に遡ります。当時、防大の二学年以上の学生には月に一度外泊が許されていました（現在は若干多いようですが）。大東亜戦争開戦二十年を記念して、私の所属する小隊の四学年学生十一人、三学年一人の十二人が防大から靖國神社へ行軍して参拝しようということになりました。

戦闘服、弾帯、半長靴、執銃で申請しましたが、中々認められず、大隊指導官の桑江良逢二佐と小隊指導官の中平進二一尉が同行する条件でＯＫとなりました。が、銃が消されています。中平一尉に「銃はどうなったのですか」と聞きますと「お前たちのような無鉄砲な者は鉄砲なし」だと言われました。私たちの卒業後、桑江二佐が努力され年々参加者は増大したのです。

閑話休題

私は平成二十三年十二月、『孫子』に関する研究論文を作成し、各分野の方に配布、その内の五人は女性の国会議員（自民党四人、野党一人）です。自民党の四人は安倍内閣の閣僚になり、全員が閣僚として靖國神社に参拝されました。自衛隊の入隊歴がなく議員になり、靖國神社に参拝せず、〝天下国家〟を大言壮語する男性閣僚は見るに堪えられません。

第八章　防大建学の精神に著しく反する校長による防大潰し

一　百八十度違う初代校長と前・現校長の歴史観

詳しくは後述しますが、小野寺防衛相は、防大の卒業式で、初代校長の教えに従えと諭しました。その理由は前校長・現校長と初代校長の歴史観を見れば理解できます。

国分氏の歴史観は、第七章で述べました小泉首相の靖國神社参拝非難に関する朝日新聞に掲載された論説に表れており、とても我が国の士官学校長のものとは思えません。

前校長の五百旗頭氏の歴史観にも驚くべきものがあります。例えば、防衛大学校平成二十二年度の開校記念祭の観閲式は、親中派の福田康夫元首相、横須賀市長、同市民、学生、同家族などが参列して陸上競技場で行われました。次はその式辞の一部です。

《二十世紀前半の日本は、「富国強兵」の「強兵」を肥大化させ、一九三〇年代には戦争にふけって、わが国の両則に位置する二つの巨人、中国とアメリカの両方に対して戦を仕かけ、ついに昭和二十年に滅亡しました。》

「肥大化させ」と言いましたが、肥大化できなかったからアメリカなどの物量戦に負けたのです。「戦争にふけって」と述べましたが、「ふけって」とは「放蕩にふける」とか「酒色にふける」などに使うもので、自国の先人の行為を貶める品性を欠き、「亡国」の訓示です。先人をこのように貶める士官学校長は世界を見渡しても五百旗頭氏だけでしょう。

「両方に対して戦を仕かけ」と述べていますが、支那事変の発端となった盧溝橋事件にしても、当時の大阪朝日新聞は昭和十二年七月十日付「天聲人語」で「もと〳〵我方から仕かけたことでなく、また仕かけるいはれもない小競り合ひだ」と述べています。五百旗頭氏の主張は中国の歴史観と同じで、士官学校長として不適です。

因みに、初代校長の槇智雄先生は、昭和二十八年四月、防衛大学校の第一期生、当時保安大学校といいましたが、入校任命式の訓示（『槇校長講話集』、防衛大学校）で、次のように述べました。

《学生諸君にお話致します。本日諸君をむかえましたことは、事実上の本大学校の発足であり、我々一同は心よりの喜びを禁じ得ないのであります。この大学校が将来有能にして忠誠なる多くの人材を輩出して、輝かしい歴史を作るものと確信いたしますが、もしこの様な想像が、許されるならば、本日の入校任命式は真に意義深いものでありまして、今日の機会に遭遇したお互いの幸運をよろこばずにはいられないのであります。……

我々はその生を享けたこの国とその民族に無限の愛着と誇りをもつものであります。わが祖先はここに住み且つ励み、我々に多くの遺産を残してくれたのであります。その伝統、文化、勤勉、不屈の魂と数えれば限りなく挙げることができましょう。長い間には何れの国にも消長があり、興隆衰退のあることは免れません。併しその興るや必ずそこには理由があり、又衰えうるやその原因も必ずあるのであります。我々は最近誠に悲惨な多くの労苦を重ねて参りました。併しすべての希望を失い、その誇りを捨てるには余りにも強い自負の心の残るを如何ともなし難いのであります。我々は心を新たにし国の興隆する原因を探求してひたすらこの途に励みたいのであります。》

これを聞いた入校生は、国家のために忠誠を尽くさなければならないと誓ったでしょう。

二　校長の副業専念と学生の詐欺事件

五百旗頭氏の問題点はこれに止まりません。防衛大学校で学生による保険金詐取という、防大生として絶対に起こしてはならない、許し難い、開校以来の大事件を起こしました。

その概要を主要全国紙が次のように報じています。

●朝日新聞（平成二十五年九月二十一日付）

《防衛大の医務室での受診歴がないのに請求書類を偽造し、傷害保険の保険金を不正に請求していたとされる。不正請求が確認された時期は二〇一一年三月～今年六月で、受け取ったとされる金額は一人あたり十六万～一一八万円だったという。書類送検された学生は二〇～二二歳で、四年生が三人、三年生が二人。防衛大の宿舎の同じ部屋で暮らしていた時期が

あるという。現時点では、その他に関わった学生は確認されていないとしている。》
●産経新聞（同年九月二十日付）
《捜査関係者によると、学生五人のうちの一部は警務隊の調べに、「卒業して（自衛官に）任官した先輩からやり方を教えてもらった」と話しており、警務隊は防衛大内で以前から同様の保険金詐欺が続いていた可能性があるとみている。》
●読売新聞（平成二十六年三月八日付）
《自衛隊の警務隊は七日、傷害保険金計約三十二万円をだまし取ったとして、防衛大学校（神奈川県横須賀市）四年の男子学生五人を詐欺容疑で書類送検した。防衛省は同日付で全員を退校処分にした。同校では昨年九月、別の五人が同様の行為をしたとして退校処分になっている。同省によると、今回送検された五人は、二〇一一年三月から一三年六月にかけて、スキャナーなどで偽造した同大医務室の診療カードを保険会社に提出し、保険金三十二万円を騙し取った疑い。》
●毎日新聞（同年三月八日付）
《防衛大学校（神奈川県横須賀市）の男子学生五人が傷害保険金を詐取したとして詐欺容疑で書類送検された事件で、防衛省は七日、警務隊が新たに四年生五人を同容疑で書類送検したと発表した。同省は五人を退校の懲戒処分とした。昨年九月の事件発覚を受け、卒業を控えた四年生を優先的に調査したところ今回の不正が発覚、関与した学生は十人になった。今後は残る在校生や卒業生の調査を継続、再発防止の検討委員会も設置した。……昨年、退校となった学生は四年生三人と三年生二人。一部は「先輩から教わった」と証言していた。今回の五人は同じ運動部の所属だったり、昨年の退校者と相部屋だったりしたが、「自分ひとりで思いついた」などと話し、組織性を否定した。》

●読売新聞（同年九月二日付）

「防大生詐欺　幹部自衛官ら書類送検へ」との見出しで次のように報じています。

《幹部自衛官を養成する防衛大学校（神奈川県横須賀市）の学生が、けがをしていないのに治療費が必要などとウソをついて傷害保険金を不正に受給していた詐欺事件で、自衛隊の警務隊は、同校を卒業した現職の幹部自衛官ら数人について、近く詐欺容疑で書類送検する方針を決めた。防衛省関係者によると、幹部自衛官らは在校中、パソコンで偽造した同大医務室の診療記録を保険会社に提出するなどの手口で、それぞれ数万円から数十万円の保険金をだまし取った疑いが持たれている。この問題を巡っては、すでに同校の学生十三人が詐欺容疑で書類送検され、退校処分を受けている。》

右の報道によれば、五百旗頭氏の校長（平成十八年八月～二十四年三月）の時に始まり国分校長（平成二十四年四月～）まで続いていたことになります。主要全国紙の扱いは小さく、社説での批判はありませんでしたが、学生十八人による不正請求件数が七十九、詐取金額が約四百九十万円は、個人ではなく、組織的犯罪です。それ故、卒業生の間では大問題になっており、五百旗頭前校長の謝罪、国分現校長の辞任を求める声が噴出しています。

　このようなこともあってか、平成二十六年三月二十二日の防大卒業式で、小野寺防衛大臣が厳しく非難しました。その部分の訓示を抜粋すれば次の通りです。

《自衛隊は、諸君の先輩たちの六十年にわたる努力の積み重ねにより国内外から高い評価を得て、多くの国民から期待と信頼を集める組織となっております。こうした国民の期待と信頼に一層応えるためには、他のいかなる組織よりも高い規律が求められます。

　そうした中、今年度、本学学生から保険金の不正請求事案による懲戒退校処分が出たことは、防衛大学校に対する国民の信頼を裏切り、防衛大学校を誇りに思う方々の想いを損なうものであり、防衛を預かる大臣として誠に遺憾に思います。このような行為は決して許されるものではありません。

　槇智雄初代学校長は、気風の弛緩に至る「心の遅れ」に厳しく鞭打ち、自他の過ちを看過しない自戒自律の精神を防衛大学校に求めました、そしてこうした厳しさを回避するところには沈滞と腐敗が生じ、集団生活の意義や明朗さも姿を消すに至ると指摘されました。諸君は、この言葉を噛み締めて、この問題の重大さを再認識してもらいたいと思います。その上で、二十一世紀の環境下で引き続き国民の負託に応じて行けるよう全力を尽くしてもらいたいと思います。》（傍点筆者）

　防衛大学校の卒業式は、防大最大の行事です。内閣総理大臣以下、国内外の要人出席の場で、防大の恥を敢えて述べたのです。このような大臣の訓示を聞いたことがありません。この訓示は、卒業生だけでなく、全自衛官に対して戒めたものと解釈すべきです。

注目すべきは、卒業生の学生時代の前校長の五百旗頭氏や現校長の国分氏の教えに従えと言わず、初代校長の教えに従えと諭したのです。これは卒業生だけではなく、現校長にも言ったのです。

昔の武士が主君からこのように言われたら、切腹したでしょう。自衛官の指揮官であれば、直属の上司から公式の式典の場で、このような訓示を賜れば、辞表を提出するか、少なくとも進退伺いを出すでしょう。

しかし、国分校長からは、辞表はおろか、国民や卒業生に謝罪の言葉すらありません。叱責を受ける前ではありますが、国分校長は防衛大学校同窓会機関誌「小原台だより」（平成二十六年一月一日）の「学校長に聞く」で、「すべては学生のために」とのタイトルでいろいろ述べている中で、保険金詐取については一言も触れていません。

前校長の五百旗頭氏に至っては、退官後も現職名ではなく、「前防衛大学校長」の肩書を最大限に利用して、あちこちのマスコミに登場しています。例えば、平成二十六年四月十六日のＮＨＫクローズアップ現代「イラク派遣　十年の真相」に出演し、自衛官の経験がないにもかかわらず、得意顔をして自衛隊の射撃要領などについて述べています。このような五百旗頭氏の姿を見た多くの卒業生から「五百旗頭が『前防大校長』の肩書を使うのはケシカラン。直ちに止めさせろ」との声が出ています。

両氏には共通点があります。自衛官（軍人）の経験がなく、大学の教授からの横滑りです。命をかけて任務を遂行したことがない一学者が、命をかけて部下を指揮する士官を養成する学校のトップが務まる筈がありません。

この不祥事は、長年に亘って築き上げた防大を一挙に破壊しました。「九仞の功を一簣に虧く」として、同氏に対する批判は言語に絶するものがあります。槇校長から「偽るな」「欺くな」「盗むな」「船を捨てるな」「持場を捨てるな」「心に後れをとっていないか、腕に力は抜けていないか」「国家、国民への忠誠」の教えを受けた私たち防大初期の卒業生から見れば驚きです。

「この学校は昔の陸軍士官学校と海軍兵学校を一つにしたもので、本来ならば当然軍人が校長であるが、吉田首相は今回は軍人でなく、しかも民間から選びたいと決意された」（槇智雄『防衛の務め』平成二十二年、中央公論新社）と、民間人の中から最適任の槇氏を校長に選びました。これに対して小泉氏は最も不適任な五百旗頭氏を校長に選んだのです。

防衛大学校は一般大学と異なり、校長の至誠や熱意が学生に及ぼす影響が極めて大きく、両校長の責任は極めて重大です。

この詐欺事件は、いわゆる世間では大きな問題になっていません。しかし、自衛隊の幹部の卵、つまり士官候補生が絶対に起こしてはならないものです。このような者が幹部自衛官になり、部下に命令を与えても、部下は命をかけて任務を果たす気持ちにはなれず、国家の存立すら危うくします。詐取した学生の退校、卒業した自衛官の懲戒免職は当然ですが、それですむ問題ではありません。でありますから、小野寺防衛大臣は、あえて晴れの卒業式で取り上げ、初代校長の教えに従えと諭したのでしょう。

開校以来の不祥事に接し、卒業生は顔に泥を塗られ、恥ずかしくて防大出身とは言えなくなりました。卒業生の多くは、事件を起こした学生よりも、校長以下職員の無責任な指導を非難し、憤慨しています。問題は何故このような不祥事が生じたかです。私をはじめとし、多くの卒業生は、事件の最大の原因は、自衛隊や防大の存立の意義を理解していない人物を連続して校長に就任させたことだと考えています。

防大とは、旧軍では将校、士官と呼ばれた幹部自衛官（以下、士官）となるべき者の教育訓練をする機関で、「大学」ではなく、旧軍や外国軍の陸軍士官学校、海軍兵（士官）学校、空軍士官学校をまとめた陸海空軍の統合の「士官学校」で、学生は学者や技術者や商人や政治家の卵ではなく、士官の卵たる「士官候補生」なのです。

このため、防大では、一般教育と併せ、士官として必要な「防衛学」「軍事訓練」「精神教育」（徳育）などの教育訓練を、学生隊を編成して上下級生を一緒に「学生舎」で集団生活をさせているのです。

もともと、五百旗頭氏は同窓生の多くから信頼を得られませんでした。その一つに、田母神空幕長の論文に対する田母神叩きです。田母神空幕長の論文を多くの同窓生が支持しています。自衛官の心情を知らない門外漢の校長が、卒業生、それも航空幕僚長まで上り詰めた同窓生を防大校長の肩書きで批判しました。これでは同窓生の支持は得られません。

その証拠に、平成二十一年二月二十二日の防大同窓会の総会で弁明に追い込まれ、長時間の弁明と言い訳に終始し、出席者の顰蹙を買いました。また、同年三月大阪市で行われた関西支部で、予定されていた五百旗頭氏の講演が会員からの激しい抗議を受け、中止に追い込まれ、同年三月二十二日の防大卒業式当日は、校門前でＯＢなどが罷免を要求しました。防大同窓生は団結が固く、伝統的に歴代校長に敬意を表しています。校長に対する激しい非難は、空前絶後です。防大校長にはどのような人物を充てるべきでしょうか。

初代校長と前校長・現校長の資質を比べ、どちらが防大校長として適切かを論ずることにします。

三　無頼漢も驚く防大生の蛮行

槇、五百旗頭、国分の三氏の資質を論ずる前に、保険金詐取に続き、またまた防大生の不祥事が明らかになりました。産経新聞、朝日新聞は次のように報じています。

●産経新聞（平成二十六年八月八日付）

《上級生らから暴行を受けてけがを負った上、ストレス障害を発症したとして、防衛大学校（神奈川県横須賀市）二年の男子学生（19）が七日、傷害と強要罪で上級生ら八人を横浜地検に告訴した。告訴状によると、男子学生は平成二十五年四月から二十六年六月、暴行を受けてけがを負った上、裸で腕立て伏せをさせられた写真を無料通信アプリLINEで流されるなどし重度ストレス障害を発症したとしている。母親（49）は「防大は人権や命をもっと大切にできる方を本気で育ててほしい」と話した。》

●朝日新聞（同）

《防衛大学校（神奈川県横須賀市）の寮で暴行を受けてストレス障害になったとして、男子学生（19）が七日、上級生や同級生八人を横浜地検に傷害や強要容疑で刑事告訴した。告訴状などによると、二年の男子学生は昨年六月、上級生から陰毛に火をつけられ、腹部に三週間のやけどを負った。今年六月には同級生が男子学生の写真を黒縁で囲んで遺影のように加工し、無料通信アプリ「ＬＩＮＥ（ライン）」に流すなどしたため、重度ストレス障害になったという。》

「防大も一応大学でしょう」などと揶揄するなど、面白おかしく報道しているテレビもありました。今回の防大生の蛮行はヤクザ映画に出てくる無頼漢の行為です。最近の防大は一体全体どうなっているのでしょうか。とても将来の幹部自衛官を養成する「士官学校」とはいえません。

しかも、蛮行が行われてから一年以上にもなりながら、校長以下、指導教官など直接訓育に当る職員が、気が付かなかったとは驚きで、学生の行為以上の大問題です。後でも述べますが、校長以下職員の大粛清が必要です。

この件について、長年にわたって教え子を防大や陸上自衛隊高等工科学校に送り出した神奈川県の中学校の先生から「最近の防大はどうなっているのでしょうか、OBの方もご心配でしょう」との電話を戴きました。保険金詐取のところでも申しましたが、防大同窓生は益々恥ずかしくて、防大卒とは言えなくなってしまいました。

四　士官教育に心血を注いだ初代校長・槇智雄氏

小野寺防衛相が訓示で述べた初代校長の槇氏とは、吉田首相が選び抜いた人で、防大生に多大の感化を与えました、それ故、少し詳しく触れることにします。

●槇氏が退官した時の防衛庁長官だった小泉純也氏（純一郎元首相の父）が、『槇乃実―槇智雄先生追想集―』（昭和四十七年、槇智雄先生追想集編纂委員会）で、槇氏の人物像を次のように述べています。

《槇校長先生に初対面で、慈父に接する思いがして、今頃こんな立派な風格を備えられた見事な学者がほかにあるだろうか、槇先生のような感じを英国型紳士というものだろうかと感嘆久しうしたものである。……防大生にはまさに慈父であり、すべての防大生を一人残らず吾子として訓育されたのである。柔和な中に時々キラリと光る鋭い眼光《ママ》（筆者注・眼光？）！信念をもって貫く大人格であり、外柔内剛の一大偉材が槇先生であった。……何とも形容のしようがない完成された人格者、実に立派な方であった。》

●槇校長は「軍人」でなく、民間人でしたが、仙台の工兵隊の入隊歴があります。『槇乃実』で、槇武彦氏（智雄先生の実弟）は次のように述べています。

《長兄が軍籍にあったのは仙台工兵隊に一年志願兵で入隊したためで、入隊後は今迄手にもしなかったシャベルやスコップで右の手に大豆を作り、そこから黴菌が入りホウカシキ炎という大病にかかり、右手を切るの切らないのという大騒ぎもあったが、幸いにも全快、皆をほっとさせた事もあった。》

（注・戦前、徴兵検査は、上から「甲種」「第一乙種」「第二乙種」「丙種」「丁種」とあり、平時においては、甲種や乙種合格者でも現役兵として入営するのは少数で、大多数は入営せず、補充兵として現役を終えた者とともに在郷軍人会に入りました。

一年志願兵とは、兵役合格者中、中等学校以上の卒業資格を有する者が、志願して一年間現役兵として入営、在営中の諸経費を支払い、試験に合格した者は除隊後、予備役少尉、同相当官となりました。）

旧陸軍の工兵は橋梁、陣地、道路の建設など、人力が主体で、槇先生は現役兵としての訓練と苦労を体験されました。

槇氏は防大開校の前年、海軍兵学校長を務めた帝国海軍最後の海軍大将・井上成美氏に士官教育に関する教えを乞い、開校後は、米・英・仏の士官学校を視察して、外国の士官教育のあり方を研修、その成果を踏まえ、全精力を学生教育に集中しました。その至誠と情熱に対し、防大生も旧軍出身の自衛官も尊敬したのです。

因みに第二代以降第七代までの校長の略歴は以下の通りです。

●第二代の大森寛氏は（昭和五年）、東大卒業後、旧内務省に入省、昭和二十五年、警察予備隊入隊、管区（師団相当）総監、方面総監、陸幕長に上り詰めたましたが、吉田氏のいう「軍人」の範疇ではありません。

●第三代の猪木正道氏は、京都大学教授から就任した学者、旧軍に関する知識があり、かつ、士官教育を理解した教育者。

●第四代の土田國保氏は、警視総監を務めた警察官僚、元海軍士官ではありますが、吉田氏のいう「軍人」の範疇には入らないでしょう。

●第五代の夏目晴雄氏は、防衛事務次官出身の典型的な防衛官僚で、自衛官（軍人）の経歴はありません。

●第六代の松本三郎氏は、慶応大学教授から就任した学者、自衛隊、防衛庁と無縁でしたが、士官教育の理解に努めた教育者。

●第七代の西原正氏は、防大教授（防衛省教官、文官）から就任しましたが、自衛官の経歴はありません。

右に挙げたように、二代校長以降、吉田首相がいう「軍人」は一人も就任していません。第六代以降は「学者」、特に第八代、第九代は、連続して防衛のズブの素人です。それ故、第八代、第九代校長の言動、行動を検証すれば、前代未聞の保険金詐取や暴行事件の原因の一端を窺い知ることができますので、以下、五百旗頭氏と国分氏の言動、行動を検証することにします。

五　防大の一般大学化を目論んだ前校長・五百旗頭真氏

●五百旗頭氏は神戸大学教授から着任しました。因みに、同大学の学長選挙落選の経歴があります。同窓生の少なからずから、神戸大学でＮＯと判断された五百旗頭氏の就任、選んだ方も受けた方も防大を侮辱しているとの声が聞かれました。

●五百旗頭氏は、退官後の平成二十四年五月十四日付「読売新聞」の「論点スペシャル」（以下『論点』）で、自衛官の職務などについて次のように述べています。

《日本の安全を守るには、潜水艦の動かし方や砲弾の弾道計算だけでなく、国際関係を深く洞察し、大きな国家戦略を持った上で対処する能力が必要になっている。私の在任中、これまで理系だけだった防大の博士課程を文系の「総合安全保障研究科」にも広げた。博士論

文を書くところまでいけば、考える人間ができる。》

自衛官の職務を「潜水艦の動かし方や砲弾の弾道計算」と述べ、視野の狭い「専門バカ」扱いし、自衛官を防衛の素人である国際政治学者よりも下に置く、独善的な発言です。

自衛官（軍人）は、国を守るために命を懸けて、各種計画を作成し、有事になれば、その計画に基づき命を懸けて作戦し、国家、国民を守るのであり、国の防衛や国民の生命財産と無関係な学者とは比較にならない国家戦略が必要であり、学者とは比べ物にならない大戦略家です。

「博士課程を文系に広げた」と自画自賛していますが、防大の大学院課程（研究科）は、防大生のためよりも、教授の箔付けのための側面を有しています。防大に研究科がなければ自衛官は、一般大学の大学院に派遣され、それこそ幅も広がり、人脈も増えます。「博士論文を書くところまでいけば、考える人間ができる」と述べていますが、博士論文など大学院博士課程の二十代の若者が書いています。現在、博士論文の審査の杜撰さが、マスコミを賑わしています。博士論文など書かなくても、「考える人間」は十二分にできます。勿論、統合幕僚長や陸、海、空幕僚長となるためには博士号など全く関係がありません。

●五百旗頭氏は『防衛の務め』の「序」で、槇氏が「幹部自衛官たらんとする者は、軍事専門家である前にまずよき社会人であれ、紳士であれと訓され、……」と述べています。

しかし、私は、槇先生からこのような発言を聞いたことがありません。『槇校長講話集』

を精読しても、右のような表現はなく、逆に第三期学生の入校任命式の訓示で「幹部自衛官は昔ならば、士官又は将校と呼ばれ、専門知識と技術の外に、高い人格の陶冶を重んずる人々でありました。英米においては、こと士官の養成に関しますと、必ず『士官にして紳士』を教育すると、ことわりを言うております。これは遠く武士と呼ばれた階層との連りもありましょう」（傍点筆者）とあり、士官は「高い人格の陶冶を重んずる人」つまり、士官と紳士には前や後がなく、士官や将校は同時に紳士であるといっているのです。

「軍事専門家である前にまずよき社会人であれ、紳士であれ」（同）との表現は、自衛官（軍人）に「よき社会人、紳士」がいない場合があることを意味し、自衛官に対して礼を失する発言であり、自衛官は学者に「学者である前に紳士であれ」と言ったりはしません。

●五百旗頭氏は平成二十年十一月九日付毎日新聞「時代の風」で「槙校長はシビリアンコントロールを外力への服従としてではなく、自らの信条として内面化することを語りかけたのである」と述べています。

しかし、槇校長が入校任命式、卒業式、開校記念式の訓示で、「シビリアンコントロール」と述べたことを聞いたことがありません。また、「シビリアンコントロール」とは、各年の「防衛白書」で「民主主義国家における軍事に対する政治の優先、または軍事力に対する民主主義的な政治による統制を指す」と定義しています。五百旗頭氏は「防衛白書」を読んでいないのではないでしょうか。

●五百旗頭氏は校長時代、防大改革と称して、槇先生の教えや建学の理念に逆らい、高専卒業生の三学年編入など、防大の一般大学化を目論み、同窓生の顰蹙を買い、この愚案は消えましたが、このような姿勢が学生に以心伝心、電車の中で大声で携帯電話をいじくり、脱帽した四年生の集団が民間人から「帽子をかぶりなさい」と注意されたり、士官候補生らしからぬ態度が市民から顰蹙を買ったのです。

●五百旗頭氏が一般大学の学長気分ですから、防大校長の〝本業〟である学生の訓育を投げ出し、防大校長の肩書を利用して〝副業〟たる東日本大震災の復興構想会議議長に就任したのでしょう。つまり、槇先生の教えに反して「船や持場を捨てた」のです。校長退官直前、「文化功労者」に選ばれました。選ばれた理由を平成二十三年十月二十六日付朝日新聞は「研究者や幹部自衛官を育てる一方で、災害からの復興や外交では歴代首相の相談役となり、政治と学問をつないだ」と述べています。つまり、防大校長の地位が評価され、「文化功労者」に選ばれたのです。

〝副業〟かつ文化功労者に選ばれた時期に、学生は保険金詐取という開校以来の破廉恥行為をしていたのです。まさに「一将功なり」「士官候補生が枯れた」のです。五百旗頭氏には士官候補生を訓育する資格がなかったといえます。

六　修行の道場「学生舎」を「ネグラ」化した現校長・国分良成氏

平成二十四年三月、五百旗頭氏が退官し、後任に国分氏が就任、防大も『士官学校』に戻り国が救われるとの淡い期待を持ちましたが、裏切られ、保険金詐取が継続、新たに陰湿な暴力事件まで発生し、『士官学校』としての防大が終焉しないかと心配しています。

●国分氏は『論点』で、次のように述べています。

《シビリアンコントロールは、防大の学校長に私のような国際政治学者がなること自体にも示されている。私の前任者も松本三郎、西原正、五百旗頭真氏と三代続けて学者だった。外国では、士官学校の校長は軍人がなるのが普通だ。私のようなシビリアンが校長になったことについて、中国の友人から「中国では絶対あり得ない」と驚かれた。それだけ日本の健全性が保たれているということだろう。》

何故、このような発言が出るのでしょうか。それは国分氏も素人大臣・一川保夫氏同様「シビリアンコントロール」の意味を、文官の武官支配との間違った認識をし、文官は武官よりも、偉く、知識も豊か、視野も広いと思い込んでいるからでしょう。

「私の前任者も松本三郎、西原正、五百旗頭真氏と三代続けて学者だった」と、学者が校長に就任するのが当然のように述べていますが、この考えそのものが、吉田首相は「本来なら当然軍人が校長である」に反し異常なのです。

●国分校長は平成二十四年五月三日付朝日新聞の「ひと」欄の「国分良成さん（58）」で、「槇さんの説いた『真の紳士・淑女にして真の武人たれ』は、防大の理念だ」と述べていますが、女子が防大に入校したのは平成四年から、槇校長が退官したのは昭和四十年、女子学生がいない時代の防大で、槇校長が「紳士・淑女」と言う筈がありません。

●国分校長は、『論点』のタイトルに「知力・気力・体力養う」を掲げて、次のように述べています。

《一般の大学は知力によって社会に出る人を育てるが、ここでは、知力に加えて気力、体力を重視し、三つのバランスを取る教育をしている点が違う。……偏差値では測れない、知力・気力・体力の三拍子そろった人材が育つことは、自衛隊のみならず日本全体にとって大きな意味があると感じる。》

「知力・気力・体力の三拍子そろった人材」と述べましたが、素人校長であるが故、士官には「知力・気力・体力」よりも、さらに求められる重要な資質があることに考えが及んでいません。

不祥事が発覚した場合、秘書などに責任を押し付ける政治家、道義に反して財を成す財界人、職権を濫用して私腹を肥やす官僚などは、普通の国民よりもはるかに知力・気力・体力がそろっていますが、立派な人材ではありません。理由は「徳」が欠落しているからです。

自衛隊の行動には、戦争であれ、大災害救助であれ、国家の命運がかかっています。また、指揮官が部下に与える命令には、部下の命がかかっています。それ故、士官には、知力、気力、体力よりも重要な資質が要求されます。それは「徳」です。

このようなことから、初代校長の槇氏は、防大第四期学生入校任命式における訓示の中で「諸君は教育に関して常に用いられる徳育、知育、体育という三つの言葉をよく知っておりましょう」「フランス陸軍士官学校にまいりますと、その教育を四つに大別し、徳性の育成、学識の育成、体力の育成及び職業の育成として……」（『槇校長講話集』）と述べ、学生に対して事ある毎に「道義」「道徳」を要求しました。

国分氏は、自衛官ではありませんが、自衛隊員ですから校長就任に当たり、「……常に徳操を養い、……」と記載した宣誓書に署名押印して服務の宣誓を行った筈です。「知力・気力・体力」ではなく、「徳育、知育、体育」というべきです。

因みに、大修館書店の「新漢和辞典」によれば、「徳育」とは「徳義心の養成を特に重視する教育。知育・体育の対」、「徳操」とは「①不変の節操。堅固なみさお。②りっぱなみさお。道徳にかなった行為」とあります。

●国分校長は、『論点』で「学生舎」のことを次のように述べています。

《防大生は二年目から陸、海、空それぞれに進路が分かれるが、寝泊りする部屋（八人部屋）は一緒のまま。》

防大の「学生舎」は「徳育」の本丸です。それを一般の大学の寮のように「寝泊りする部屋」と述べて「ネグラ」扱いしています。防大が「士官学校」であるとの認識を欠き、「徳育」が眼中にないから出た言葉でしょう。

因みに、初代校長の槇氏は、次に示すように学生舎の重要性を述べています。

「本教育の四年間は、教室に始まって教室に終るものではないと言うことであります。重要なる教育は教室の外にもあるのであります。訓練、体育及び学生舎内の生活これであります。この点は他校と著しく異なるところでありまして特に今日お話する必要があると考える次第であります。……学生舎内の生活においてはここに諸君の気品と、正しい社会的性格と、堅固な意志と勇気が生まれるところと考えております」（第四期学生入校任命式の訓示）、「諸君は、入校とともに学生隊に編入されます。学生隊は将来部隊幹部たるべき性格が、最も多く養われるところであります。上級生によって指揮指導され指導官によって忠言補導が行われ、共同の生活を営み、よき慣習に従うとともにその改善に力を致す場所なのであります」（第五期学生入校任命式の訓示）（いずれも『槇校長講話集』）。

三代校長の猪木氏は学者ではありましたが、『防衛大学校20年史』で次のように学生舎の重要性を理解していました。

《防衛大学校長を命ぜられた時、私は防大に〝入学〟した心組みで、重責に当たりたいと考えた。それから二カ月半になるが、防大の新入生として学ばなければならないことの多いのに驚いている。もちろん、私は普通の入学者よりも四十年近く年長だし、学生舎生活をしているのでもないから、学生諸君と全く同じ体験をするわけにはゆかない。しかしかんじんなのは、心の持ち方だと私は思う。当分の間、防大への入学を許可されたつもりで、学生生

活の実態を正しく理解することに全力をつくしたい。》

一般大学の学生は、授業や部活動を終えれば、マンションや寮、或いは自宅や下宿に戻ろうが、どこかに遊びに行こうが、全くの自由です。だが、防大生は、授業や運動部での活動が終れば、学生舎に戻ります。否、正確にいえば、学生舎から授業や部活動に出かけるのです。防大生にとっては、学生舎の生活は「寝泊りする場所」ではありません。

学生舎では、学生は起床から消灯まで集団生活を行い、学生長や週番学生など四学年学生による指揮指導、大・中・小隊指導官による忠言補導が行われ、これを通じて規律と理性ある服従を身に付け、指揮指導能力を学ぶ、士官育成の本丸であり修行の道場なのです。

国分校長の「寝泊りする場所」との発言を聞いて耳を疑いました。このような感覚だから、修行の道場であるべき学生舎で保険金詐取や陰湿な暴力事件をしでかすのです。

●国分氏は『論点』で「防大では、透明性を高めながら、国際感覚とバランス感覚に優れた人間を育てたいと考えている」と述べていますが、防大で最も不透明な部分は校長の人事です。例えば、前掲の「ひと」欄では、「打診は一年余り前。当時の五百旗頭真学校長から推薦された」、平成十八年八月一日付「ひと」欄の「五百旗頭真さん（62）」では「防衛庁から要請があったのは昨年秋」と述べていましたが、二人とも随分前から打診がありながら、ほとんどの防大卒業生は、このことを知りません。卒業生に内密で進められる校長人事は不透明の極みです。また、五百旗頭氏が国分氏を推薦し、その通りになったのは防大校長の私物化ではないでしょうか。

●国分校長は『小原台だより』（平成二十六年、防衛大学校同窓会機関誌）で、「すべて学生のために」との見出しで「この小原台（筆者注・防大の所在地）には、二千名弱の学生と総勢七百五十名に及ぶ教官、事務官、自衛官が日夜職務に精励している」と述べています。

自衛隊で一般的に教官といえば、教育に当る者が自衛官であっても、事務官であっても、教官と呼びます。が、法律上の「教官」は防大教授などの文官で、国分校長が述べた「教官、事務官、自衛官……」の教官は文官の教官を指しています。

防大は幹部自衛官を養成する学校です。校長たる立場の人が、しかも同窓会機関誌で「教官、事務官、自衛官……」との順序で述べたことに奇異を感じました。国分校長の「すべて学生のために」の発言が、心からのものであれば、「自衛官、……」と述べるできでしょう。学生が校長の発言を聞けば「すべて学生のために」が虚ろに聞こえるのではないでしょうか。

七　自衛官校長の手で再建を

防大は平成二十六年、第六十二期生が入校しました。当初「本来ならば当然軍人が校長であるが、吉田首相は今回は軍人でなく、しかも民間から」といって槇氏を校長にしてから六十年経過し、国分校長が「私の前任者も松本三郎、西原正、五百旗頭真氏と三代続けて学者だった」と述べたような状態になるとは、吉田首相や槇氏の想定外でしょう。

吉田首相は、サンフランシスコ平和条約が調印された昭和二十六年九月八日の翌月の十月十八日、条約の発効前の占領下でしたが、靖國神社に参拝しています。首相の靖國神社参拝を非難した五百旗頭氏や国分氏のような人物が防大校長になるとは夢想だにしなかったでしょう。

防大同窓生は二万人を超え、その半数が自衛隊の退官者です。この期に及んでも、現役自衛官だけではなく、初級幹部から退官まで自衛官を全うした元自衛官すら校長に任命せず、自衛隊を全く知らない、国防の〝素人〟を就任させ、今回のような詐欺事件を招き、最大の式典である卒業式で「決して許されるものではありません」と防衛大臣のお叱りを招いたのです。あえて言えば、保険金詐取とは「無頼漢」の下端がやる悪事です。それを最も道義が求められる士官候補生が行ったのです。

陸軍士官学校は敗戦という外圧によって第六十一期で幕を閉じました。防衛大学校は自らの腐敗によって第六十二期で幕を閉じるか、それとも国分校長を解任、五百旗頭前校長から防大校長の功績で得た「文化功労者」の返納勧告、官僚枠副校長職の廃止、防大幹事以下関係指導官職にあった自衛官の厳罰など徹底して膿を出し、吉田首相発言の原点に立ち返り、人格、識見ともに優れていると多くの自衛官、同ＯＢが認める自衛官を校長に就任させて再建をはかるべきです。

第二編

太平の眠りから目覚め普通の国に

我が国は、敗戦から七十年、長い間の太平の眠りからようやく覚め、普通の国になろうとしています。その中核が安倍首相です。反対しているのは朝日新聞を初めとする左翼、つまり守旧派で、明治維新における幕府にそっくりです。

第九章　惰眠をむさぼり続ける敗戦意識

本章は、拙著『徴兵制が日本を救う』（展転社）、月刊誌『正論』（平成二十五年五月号）に掲載された拙論・「『国防軍』は百利あって一害なし」を減筆、加筆したものです。

我が国は戦後長きに亘り、国の防衛を軽視し、その任に当たる自衛隊を「憲法違反」、自衛官を「税金泥棒」と蔑視してきました。その実態の説明から入ります。

一　ボタンを掛け違えた「軍隊」（警察予備隊・保安庁）の創設

昭和二十五年六月二十五日早朝、北朝鮮軍が韓国に侵入し、朝鮮戦争が勃発しました。我が国の占領下での出来事です。

連合国軍最高司令官（占領軍司令官）・マッカーサー元帥は七月八日、吉田首相に「私は日本政府に対して七万五千名からなる国家警察予備隊を設置するとともに海上保安庁の現有海上保安力に八千名を増員するよう必要な措置を講ずることを許可する」（昭和五十六年版「防衛白書」）との書簡を送りました。当時、天皇も政府も占領軍司令官に従属していましたから、実質は「許可」ではなく、「命令」でした。

この命令に基づき、政府は八月十日「警察予備隊令」を公布・施行し、警察予備隊を発足させました。警察予備隊創設の目的は、在日占領軍の朝鮮出動による日本国内の治安悪化を防止するためであり、「警察予備隊」とは読んで字の如く、警察の予備的存在で、警察予備隊の主要幹部は内務官僚出身者が占めました。それ故、初代の統合幕僚会議議長（統幕議長）は四十代の内務官僚であり、第二代の防衛大学校長は陸上幕僚長から就任しましたが、内務官僚出身です。その後も、防衛事務次官や防衛大学校長に警察官僚が就任しています。外国では警察官が国防次官や士官学校長になることはあり得ません。

主権回復目前の昭和二十七年一月三十一日、吉田首相は衆院予算委員会で「現在の警察予備隊は本年の十月で一応打ち切る見込みである。その後日本の治安状況や国外の状況などによって防衛隊を新たに考えたいと研究中である」（同）と述べました。

これに対して日本民主党（現在の民主党ではありません）は「政府が憲法を改正することなく再軍備することは性格のあいまいな私生児的軍隊をつくることになるので憲法改正を国民に問い独立防衛のための自衛軍を創設すべきである」（同）と主張しましたが、政府は昭和二十七年四月に海上保安庁に海上警備隊を発足させ、五月に警察予備隊を十一万名に増員、八月に憲法を改正することなく、警察予備隊を引き継ぐ「保安隊」と、海上警備隊を引き継ぐ「警備隊」の両者を一元的に管理運営する行政機関・「保安庁」を設置しました。

同じ敗戦国のドイツ（西ドイツ）は、基本法（憲法）に軍を明記し、男子に兵役の義務を設けました。ドイツは、アフガニスタンにも派兵、安全保障に関して、アメリカ、イギリス、フランスと対等の発言権を持っているのです。高々、集団的自衛権の行使で「小田原評定」している我が国と大きく違うのです。

二　座して自滅を待つ「専守防衛」は成り立たない

我が国はある時期から「専守防衛」と叫ぶようになり、これが国是のようになっています。例えば、平成二十六年版「防衛白書」は次のように記述しています。

《専守防衛とは、相手から武力攻撃を受けたときにはじめて防衛力を行使し、その態様も自衛のための必要最小限にとどめ、また、保持する防衛力も自衛のための必要最小限のものに限るなど、憲法の精神に則った受動的な防衛戦略の姿勢をいう。》

前記の記述に合わせて、「いわゆる攻撃的兵器を保有することは、……いかなる場合にも許されない。たとえば、大陸間弾道ミサイル（ＩＣＢＭ）、長距離戦略爆撃機、攻撃型空母の保有は許されないと考えている」「他国に脅威を与えるような強大な軍事力を保持しないということである」と述べています。

しかし、我が国の防衛の基本方針が戦後、同じであったわけではなく、「専守防衛」の定義も一貫していません。大事なことですので、少し紙面を割いて説明します。
●昭和三十一年二月二十九日の衆院内閣委員会で、船田中防衛庁長官は、前日の社会党の石橋政嗣氏の質問に対する、鳩山一郎首相の答弁の要旨を次のように代読しました。
《わが国に対して急迫不正の侵害が行われ、その侵害の手段としてわが国土に対し、誘導弾等による攻撃が行われた場合、座して自滅を待つべしというのが憲法の趣旨とするところだというふうには、どうしても考えられないと思うのです。そういう場合には、そのような攻撃を防ぐのに万やむを得ない必要最小限度の措置をとること、たとえば誘導弾等による攻撃を防御するのに、他に手段がないと認められる限り、誘導弾等の基地をたたくことは、法理的には自衛の範囲に含まれ、可能であるというべきものと思います。》
この時期は防衛庁、自衛隊が発足して一年八カ月、防衛予算は現在の約三％にすぎませんでした。が、当時の政治家は、超軍事大国・ソ連領土の攻撃も長距離爆撃機などの保有もできる、との憲法解釈をする普通の国の常識的感覚の持ち主でした。この考え方は「専守防衛」ではなく、後述する「戦略守勢」の考え方で、昭和三十二年五月、国防会議、閣議で決定された「国防の基本方針」にも「専守防衛」なる用語は見当たりません。
昭和四十五年、はじめて「日本の防衛」（防衛白書）が発表され、「専守防衛の防衛力」の項を設け、「わが国の防衛は、専守防衛を本旨とする。専守防衛の防衛力は、わが国に対する侵略があった場合に、国の固有の権利である自衛権の発動により、戦略守勢に徹し、わが国の独立と平和を守るためのものである。……」と記述していました。

前記の記述に合わせ「わが国の防衛力は……自衛のため必要かつ相当のものでなければならない。……他国に侵略的な脅威を与えるようなもの、たとえば、Ｂ52のような長距離爆撃機、攻撃型航空母艦、ＩＣＢＭ等は保持することはできない」と述べています。

本「白書」発表の二年前、我が国の国内総生産（ＧＤＰ）が世界第二位となり、周辺諸国に我が国の防衛力が急増するのでは、との警戒がありました。「専守防衛」は警戒を和らげるために出た政治用語です。一方、「戦略守勢」との用語も使い、「防衛力」は現在の「自衛のための必要最小限」でなく「自衛のため必要かつ相当」であり、「保有できない兵器」も現在の「攻撃的兵器」でなく「侵略的な脅威を与えるようなもの」で微妙に違いました。

●「専守防衛」の考え方を大きく変えたのが田中角栄首相です。田中首相は昭和四十七年九月二十九日、日中共同声明を行い、一カ月後の十月三十一日の衆院本会議で民社党の春日一幸氏の「防衛の基本的立場を、戦略守勢の防御ではなく、厳に専守防御《ママ》に徹すること」と述べ、首相の見解を質したことに対し、次のように答弁しました。
《専守防衛ないし専守防御というのは、防衛上の必要からも相手の基地を攻撃することなく、もっぱらわが国土及びその周辺において防衛を行なうということでございまして、これはわが国防衛の基本的な方針であり、この考え方を変えるということは全くありません。なお戦略守勢も、軍事的な用語としては、この専守防衛と同様の意味のものであります。積極

的な意味を持つかのように誤解されない——専守防衛と同様の意味を持つものでございます。》

田中発言の問題点は、一つは「防衛上の必要からも相手の基地を攻撃しない」です。船田発言に反し、飛んでくるハエを「ハエ叩き」だけで叩き発生源を消毒しないようなもので、これでは国を守れません。二つは「この考え方を変えることは全くない」と述べ、将来まで拘束したこと、三つは「戦略守勢」を「専守防衛」と同意味にしたことです。

「戦略守勢」とは、全般的にみれば守勢ですが、防御に終始することではありません。戦術的な攻撃を含んでいます。攻撃を受けることが予測される場合、敵の部隊、基地への予防攻撃も行います。〝専ら守る〟「専守防衛」と根本的に違うのです。

因みに、東西対立の激しかった頃の西ドイツの国防方針について、『超法規発言』で統合幕僚会議議長を解任された栗栖弘臣氏は著書『仮想敵国ソ連』（昭和五十五年、講談社）で「西ドイツは、日本と同じようにあくまで自国の防衛のために軍事力を持っているといっている。それを戦略守勢と、彼らは表現している。しかし、相手が攻撃をしかけてきそうな時は、戦術的攻撃を行うといっている」と述べています。

●昭和五十一年発表された第二回の防衛白書では、「専守防衛」は「わが国の防衛力は自衛に徹する専守防衛のものでなければならない。……」となり、「保有できない兵器」が昭和四十五年版「防衛白書」の「侵略的な脅威」から「攻撃的な脅威」に変わり、「ＩＣＢＭ等は保持することはできない」の「ＩＣＢＭ等」が「長中距離弾道弾（ＩＣＢＭ、ＩＲＢＭ）」となりました。「戦略守勢」を削除し、保持できない弾道弾に中距離弾道弾を追加したのは、田中発言に歩調を合わせたものと思われます。

「専守防衛」そのものの定義も不明確です。例えば、昭和五十六年版「防衛白書」では「専守防衛」の記述は、現在とほぼ同文ですが、「専守防衛という言葉について確定された定義があるわけではない」と前置きしています。

その後、北朝鮮のミサイル発射に伴い、十年ほど前から「日本へのミサイル攻撃が予測される場合、敵基地の先制攻撃は、自衛権の行使として認められる」、「敵基地攻撃能力保有の検討は当然」、「『専守防衛』や『集団的自衛権の不行使』を見直すべきだ」などとの発言が政治家などから出始めました。が、平成二十六年版「防衛白書」における「専守防衛」の記述内容や「他国に脅威を与えない」との記述は、三十年以上前からほぼ同じです。

「専守防衛」が叫ばれ出した昭和四十年半ば頃は、中国や北朝鮮の軍事力は大した脅威ではありませんでした。が、今や中国の軍事費はアメリカを横綱とすれば横綱目前の東の大関、北朝鮮も核・ミサイルを持ち、アメリカをも脅かして関脇気取りです。我が国が平幕でいいはずがありません。見直すのは当然で、政治は現実から逃げてはいけません。勝敗のあるもの「受動」で勝てません。野球に例をとっても、攻撃がない守備だけでは必ず負けます。相手に脅威を与えなくしては抑止力も働きません。つまり、戦理的には成り立たない戦略なのです。

防衛上の必要からも相手の基地を攻撃しない、敵基地攻撃能力も保持しない、とする「専守防衛」を唱え続けるから、北朝鮮が核やミサイルの実験を繰り返し、中国が領海や領空を侵犯し、我が艦艇などに対して火器管制レーダーを照射するのです。中国や北朝鮮の核ミサイルが一発撃ち込まれれば、年金も医療も介護も吹っ飛び国が亡びるのです。

三　精神年齢占領下の政治家たち

昭和二十九年七月一日、「保安庁」を「防衛庁」に、「保安隊」を陸上自衛隊に、「警備隊」を海上自衛隊とし、新しく航空自衛隊を発足させました。が、それ以降五十年以上「防衛」を「庁」に放置してきました。大臣が長である組織で「庁」は「防衛」だけです。それ故、防衛庁は、外務省や財務省などの「省」よりも格下に位置付けられ「三流官庁」といわれてきました。

防衛庁を防衛省にしようとする主張に対して、左翼陣営は理屈にならない理屈を並びたて、省昇格に反対してきました。第二章ですでに述べましたが、朝日新聞は社説で「あきれ果てた『防衛省』騒動」との見出しを掲げて、次のように述べていました。

《目を覆いたくなるような茶番劇である。省庁再編案作りの土壇場で、自民党内からまたまた噴き出した防衛庁の省への昇格論のことだ。……軍事力の役割をみずから抑制した憲法を大多数の国民が支持し、またそれが東アジアの安定に役立っている現実を考えれば、格上げには害あって利なしである。……》

外国の新聞は、「国防省」が「茶番劇」とか「害あって利なし」と述べ、自国の軍を周辺諸国よりも弱いまま放置せよと主張したりはしません。「国防軍」に反対する行為も普通の国では「利敵行為」と言うでしょう。朝日新聞は、「国防軍」反対を叫ぶ前に、防衛庁が防衛省へ格上げされてから八年になりますが、防衛省になって、どのような害が生じたのか具体的に説明すべきではないでしょうか。

実動部隊である自衛隊、自衛官はもっと哀れな状態が続いています。六十年前に日本民主党の予言した通り、自衛隊は性格のあいまいな「軍隊」に、自衛官もあいまいな性格の「軍人」に放置され、蔑視されています。

自民党は平成二十四年の衆院選挙の公約に、自衛隊を「国防軍」と位置付ける新憲法の制定や「集団的自衛権の行使」容認を掲げ、安倍総裁は「新しい自民党だからこそできる政策を掲げた。政治に関する国民の信頼を取り戻すための公約だ」（平成二十四年十一月二十二日付産経新聞）と語ると、各方面から次のような反対や批判が出ました。

●野田佳彦首相は「国防軍と名前を変えて憲法も改正し、そう位置づける意義がよく分からない。中身は変わるんですか？大陸間弾道ミサイルを飛ばすような組織にするんですか？」

（平成二十四年十一月二十六日付産経新聞）。

●細野豪志民主党政調会長は十一月二十三日の街頭演説で「戦後、専守防衛のもと現実的な安保政策を行ってきた。百八十度転換するのか」（十一月二十四日付朝日新聞）。

●橋下徹日本維新の会代表代行は二十三日のテレビ朝日の番組で「集団的自衛権はしっかりと行使を認める」（十一月二十四日付朝日新聞）、「（自衛隊の）名前を変えるのは反対」（同日付産経新聞）。

●山口那津男公明党代表は「長年定着した自衛隊の名称をことさら変える必要性はない」「行使を認めることはできないとの政府の見解は妥当だ」（十一月二十三日付産経新聞）。

●福島瑞穂社民党党首は二十三日、朝日新聞の取材に「自民党がいっそう右傾化した。社民党は改憲の流れの防波堤になる」（十一月二十四日付朝日新聞）。

●市田忠義共産党書記局長は二十二日の記者会見で「国防軍は憲法に真っ向から反する。極めて危険な路線だ」（十一月二十四日付朝日新聞）。

●朝日新聞は十一月二十九日付社説で「国防軍構想」「自衛隊でなぜ悪い」との見出しを掲げ「単なる名称の変更にとどまらず、『普通の軍隊』に近づけたいということだろう。だが、自衛隊は憲法九条の平和主義に基づき、専守防衛に徹し、海外での武力行使を禁じるなど、制約された実力組織として内外に広く認知されている。この制約を取り払えば、国際社会、とりわけ周辺諸国に『軍の復活』と受けとめられ、不信感を抱かせかねない。……なぜ変える必要があるのか」、同紙の若宮啓文主筆は平成二十五年一月十二日付朝日新聞で「自衛隊は国民に広く定着、そのことが周辺国にも安心感を与えてきた」と批判しました。

「国防軍」反対の意見は、①自衛隊という名称が定着している②右傾化し周辺諸国に不信感を抱かせる③「専守防衛」に反する④憲法に反する、に集約されます。これらの意見は、自衛隊を「普通の軍隊」に位置付けようとする時、必ず出ます。例えば、小泉首相が平成十五年五月二十日、参院有事法制特別委員会で、自由党の田村秀昭議員（防大一期）の自衛隊は軍隊なのかとの質問に「実質的には軍隊だ。いずれ憲法でも軍隊と認めて、違憲だ合憲だと不毛な議論をすることなしに、国を守る戦闘組織に名誉と地位を与える時期が来ると確信する」（五月二十一日付朝日新聞）と答弁しますと、朝日新聞は五月二十二日付社説で「『自衛隊』で何が悪い」との見出しを掲げて非難しました。

四　「自衛隊」ではいけない理由

「自衛隊」との呼称の根本的問題点は二つです。一つは、外国に対し、国家防衛の強い意志表示をしていないこと、もう一つは、自衛官に「軍人」としての名誉と地位を与えていないことで、安倍首相も国防軍の名称は「自衛隊諸君の誇りの問題」と述べています。

我が国は戦後長きに亘り、国の防衛を軽視し、その任に当たる自衛隊を「憲法違反」、自衛官を「税金泥棒」と蔑視してきました。

公明党や朝日新聞は「自衛隊」という名称が定着しているから変える必要がないと主張しています。が、「自衛隊」ではいけない理由は次の通りです。

「自衛隊」の英訳は「Self Defense Forces」、これを日本語に直訳しますと「自分を守る軍」となります。それ故、国内でも「自分だけを守る自衛隊」と揶揄され、「自衛官」は「Self Defense Forces Personnel」、同様に日本語に直訳しますと「自分を守る軍の職員」、外国軍人に対しては、とても恥ずかしくて使えません。

因みに、石破防衛庁長官は、「自衛」をもじって「自衛隊は今まで、揶揄的に『自閉隊』と言われていた」(平成十六年三月十七日付朝日新聞)と発言、「ハンディキャップを持つ人への配慮を欠く」などと批判され後日、謝罪しましたが、……。

「軍」でない故、階級も「兵曹長」とか「軍曹」とか「少尉」とか「大佐」とか「大将」とは言いません。特に「軍」や「兵」の使用はご法度ですから、「兵曹長」「軍曹」の階級や「歩兵」「砲兵」「戦車兵」「工兵」などの兵科は絶対に使えません。民間では「巨人軍」とか「赤ヘル軍団」とか使っているにもかかわらずです。このようなことから、自衛官は国内外から侮辱されたり、揶揄されたり、国外に対して二枚舌を使ってきました。

私の体験した事例を紹介します。

私は二等陸佐(二佐、中佐相当)の時、韓国に出張しました。陸軍本部で行われた会食中、韓国軍の将官から日本語で「自衛隊は税金泥棒と言われなくなりましたか」、「貴方は二佐ですね」と言われ、釜山のホテルの売店では、制服を着て買い物をしていますと、韓国軍の軍服と違いますので、売店の若い女性店員が私を珍しそうに眺めます。私が韓国語で「日本陸軍の中佐です」と言いますと、女性店員から日本語で「お客さん、冗談を言わないで下さい。お国は戦争しないから軍隊はありません。自衛隊です」と言われました。

安倍総裁は「外に向かって軍隊、内に向かって自衛隊。こんな詭弁はやめよう」（平成二十四年十二月四日付朝日新聞）と言いましたが、韓国では数十年前から我が国は軍隊でなく、自衛隊であることを、軍の高官だけではなく、ホテルの若い店員も知っています。

一佐の頃、ある駐屯地の創立記念日に出席しました。同じテーブルの民間人から「貴方の階級は何ですか」と問われ「一佐です」と答えますと、「いつ二佐になりますか」と訊かれました。私は「二佐は一佐よりも下です。よほどの不祥事を起こさない限り、二佐になることはありません」と言いますと「大変失礼しました」と申し訳なさそうな顔をしました。

この人は、一佐よりも二佐が上だと思っていたのです。柔道など「級」は二級よりも一級が上ですが、「段」は初段よりも二段が上です。自衛隊の階級も「段」のように、数字が大きい方が上だと思ったのです。大佐であれば、大が中より上であることは子供でも分かりますから「いつ中佐になりますか」と失礼なことを言わないでしょう。

これも一佐の頃、日米共同訓練に参加しました。一等陸佐は陸軍大佐に相当しますから英語訳は「Colonel」です。アメリカ兵は私のことを「Colonel Kakiya」、アメリカの大佐を「Colonel X」と呼びますが、自衛官は、柿谷一佐、X大佐と呼びます。つまり米軍に対して「二枚舌」を使っているのです。

「自衛隊」が定着しているとの主張は、自衛官を性格のあいまいな身分に放置したい人の言い分です。防衛省でも自衛官の地位向上を好まない一部の防衛官僚は、「自衛隊」のままでいいと思っているかも知れません。が、自衛官は「国防軍」を望んでいます。

「自衛官」は、正社員よりも真面目かつ有能な「非正社員」を、その地位に定着したとして、正社員に採用せず、低労働条件で酷使するのに似ています。「自衛隊定着」との主張は「他人の痛みはいつまでも我慢できる」の典型なのです。

第十章　「防衛省」は目覚めの第一歩

本章は、月刊誌『正論』（平成二十五年五月号）に掲載された拙論・「『国防軍』は百利あって一害なし」と拙論・「『孫子』で読みとく日本の近・現代」を減筆、加筆したものです。

一　第一次安倍内閣の功績

第一章で述べましたように、昭和二十九年七月一日、「保安庁」を「防衛庁」に、「保安隊」を陸上自衛隊に、「警備隊」を海上自衛隊とし、新しく航空自衛隊を発足させました。が、それ以降五十年以上「防衛」を「庁」に放置してきました。

安倍氏が第一次安倍内閣を組閣し、平成十九年一月、ようやく三流官庁と揶揄されていた防衛庁が省に昇格、防衛官僚は外務省などの官僚と対等になり、普通の国への第一歩を踏み出しました。過去、自主憲法の制定だとか、ラッパを吹いた首相がいましたが、政権延命のための口先だったのと一味違いました。

二　「不敗の態勢」の確立に失敗した第一次安倍内閣

『孫子』（兵法）に「孫子曰く、昔の善く戦う者は、先ず不可勝を爲して、以て敵の可勝を待つ。不可勝は己に在り、可勝は敵に在り。故に善く戦う者も、能く不可勝を爲せども、敵をして必ず可勝ならしむること能わず。故に曰く、勝ちは知るべし、爲すべからずと」とあります。「歴史上の名将といわれる人は、先ず、敵に負けない不敗の地に立って、敵が弱点をつくったり、失策したりするのを待つのです。不敗の体制、態勢をつくるのは自分ですが、弱点や失策をつくるのは敵です。名将と雖も、不敗の体制、態勢をつくることはできますが、敵に弱点や失策をつくらせることはできません。勝機を見付けることはできるが、勝利をつくることはできない、といわれる所以なのです」という意味です。

これは戦争だけに当てはまるものではありません。政治にも大きく当てはまります。安倍首相は、国民の多大の期待のもと、内閣総理大臣に就任し、教育基本法の改正、防衛庁の省昇格などを行いました。保守政治家として大きい功績ですが、一年で退陣に追い込まれました。何故でしょうか。

安倍氏は幹事長代理の頃、首相の靖國神社参拝について、札幌市内の講演で「わが国に命をささげた人たちのために靖国神社をお参りするのは当然だ。次の首相も、その次の首相もお参りをしてほしい」（平成十七年五月二十九日付読売新聞）、ＴＢＳの報道番組で「中国に抗議されてやめるのか。極めて非常識な反日的行為に屈する形でやめるべきではない」「一国のリーダーは、国のために戦った人たちに祈りをささげる義務がある」（同年七月二十八日付産経新聞）などと述べていました。多くの国民、特に保守系の国民は、安倍氏が首相に就任すれば当然、靖國神社に参拝すると信じていました。

ところが、官房長官に就任し、ＴＢＳなどのテレビ番組で「（行く行かないと）言うこと自体が外交問題になるということであれば、政局、総裁選に絡んで言うべきではない。明言する形にしない方がいい」（平成十八年六月三日付朝日新聞夕刊）と述べ、さらに同年八月四日、記者会見で「この問題が外交問題化、政治問題化しているなかで、（靖国に）行くか行かないか、あるいは参拝したかしないかを申し上げるつもりはない」（八月四日付朝日新聞夕刊）と述べ、同年九月、首相に就任すると最初に中国、韓国を訪問しました。

安倍首相は、支持層の拡大を意図して左派の取り組みを目論み、靖國神社の不参拝に止まらず、最初の訪問国に中国を選んだのです。安倍支持派の少なからずは、安倍首相が「参拝する」という対中基本姿勢に対して支持したのです。安倍首相は約束に反して靖國神社に参拝しなくても、安倍支持派が付いてくると勘違いしたのではないでしょうか。

中国は「同盟国」ではなく、単なる「隣国」にすぎず、アメリカは「同盟国」です。しかし、同盟維持には互いの信頼と努力が必要です。米国との同盟は磐石と勘違いし、訪問の順序を間違えました。安倍首相は、従来からの国内外の味方を完全に引き付けること、つまり

「不敗の態勢」の確立を怠ったのです。

安倍首相は前回の失敗を大いに反省して、集団的自衛権の行使容認の政府見解に到達することができました。が、今後、靖國神社参拝、河野談話の見直しで、第一次内閣で「不敗の態勢」の確立に失敗したことを念頭において、確立した「不敗の態勢」を壊さないよう留意すべきです。

第十一章　集団的自衛権の行使は目覚めの第二歩

本章は『正論』（平成二十六年七月号）の拙論・「安保『進展』でも変わらぬ自衛官軽視という病」と『ＷｉＬＬ』（平成二十六年三月号）の拙論・「秘密保護法反対　朝日の狂乱」を減筆、加筆したものです。

一　防大卒業式訓示に見た安倍首相の本気度

平成二十六年四月下旬、来日したオバマ大統領は、アメリカの大統領として、はじめて尖閣諸島の防衛義務を明言、集団的自衛権の行使についても我が国の検討を歓迎、支持を表明、日米共同声明でも同趣旨の文言を明記しました。安倍首相の防衛に関する確固たる信念が後押ししたことは間違いありません。来日一カ月前の三月二十二日、安倍首相は防衛大学校の卒業式で、外国の駐在武官をはじめ内外の来賓、家族、留学生を前に卒業生に行った訓示は、私の防大の学生、教官時代を通じて例をみない情熱に溢れた充実した内容でした。

いずれの国においても、大統領など軍の最高指揮官の士官学校での訓示は、国防に関する施政方針演説と位置付けられており、安倍首相が何を語るかを外国の指導者や軍関係者は注目していたことでしょう。無関心だったのは我が国の政治家だけだったかも知れません。訓示の主要部分を抜粋すれば次の通りです。

《本日、伝統ある防衛大学校の卒業式に当たり、これからの我が国の防衛を担うこととなる諸君に、心からお祝いを申し上げます。卒業、おめでとう。諸君の、誠に凛々しく、希望に満ち溢れた勇姿に接し、自衛隊の最高指揮官として、心強く、頼もしく思います。……

内閣総理大臣、そして自衛隊の最高指揮官として、一言申し上げさせていただきます。

今日は、二十二日。十五年前の十一月、中川尋史空将補と、門屋義廣一等空佐が殉職したのは、二十二日でありました。まずは、諸君と共に、お二人の御冥福を心よりお祈りしたいと思います。突然のトラブルにより、急速に高度を下げるT33A。この自衛隊機から、緊急脱出を告げる声が、入間タワーに届きました。「ベール・アウト」しかし、そこから二十秒間。事故の直前まで、二人は脱出せず、機中に残りました。

眼下に広がる、狭山市の住宅街。何としてでも、住宅街への墜落を避け、入間川の河川敷へ事故機を操縦する。五千時間を超える飛行経験、それまでの自衛官人生の全てを懸けて、最後の瞬間まで、国民の命を守ろうとしました。二人は、まさに、命を懸けて、自衛隊員としての強い使命感と責任感を、私たちに示してくれたと思います。「雪中の松柏、いよいよ青々たり」という言葉があります。雪が降り積もる中でも、青々と葉をつけ、凛とした松の木のたたずまい。そこに重ねて、いかなる困難に直面しても、強い信念を持って立ち向かう人を、たたえる言葉です。……

国家の存立にかかわる困難な任務に就く諸君は、万が一の事態に直面するかもしれない。その時には、全身全霊を捧げて、国民の生命と財産、日本の領土・領海・領空は、断固として守り抜く。その信念を、堅く持ち続けてほしいと思います。……

今ほど、自衛隊が、国民から信頼され、頼りにされている時代は、かつてなかったのではないでしょうか。諸君には、その自信と誇りを胸に、どんなに困難な現場にあっても、国民を守るという崇高な任務を全うしてほしい。そして、国民に安心を与える存在であってほしいと願います。……

自衛隊を頼りにするのは、今や、日本だけではありません。……冷戦後の地域紛争の増加、テロによる脅威。変わりゆく世界の現実を常に見つめながら、自衛隊は、ＰＫＯやテロ対策など、その役割を大きく広げてきました。……

今日、この場には、カンボジア、インドネシア、モンゴル、フィリピン、大韓民国、タイ、そしてベトナムからの留学生諸君がいます。日本は、諸君の母国とも手を携えて、世界の平和と安定に貢献していきたい。ここでの学びの日々で育まれた深い絆をもとに、諸君には、母国と我が国との友情の架け橋になってほしいと願います。

日本を取り巻く現実は、一層、厳しさを増しています。緊張感の高い現場で、今この瞬間も、士気高く任務にあたる自衛隊員の姿は、私の誇りであります。

南西の海では主権に対する挑発も相次いでいます。北朝鮮による大量破壊兵器や弾道ミサイルの脅威も深刻さを増しています。

日本近海の公海上において、ミサイル防衛のため警戒にあたる、米国のイージス艦が攻撃を受けるかもしれない。これは、机上の空論ではありません。現実に起こり得る事態です。その時に、日本は何もできない、ということで、本当によいのか。……

平和国家という言葉を口で唱えるだけで、平和が得られるわけでもありません。もはや、現実から目を背け、建前論に終始している余裕もありません。必要なことは、現実に即した具体的な行動論と、そのための法的基盤の整備。それだけです。私は、現実を踏まえた、安全保障政策の立て直しを進めてまいります。……

日露戦争のあと学習院長に親任された乃木希典・陸軍大将は、軍人に教育などできるのか、との批判に、こう答えたと言います。どんな任務が与えられても、誠実に、真心を持って、全力を尽くす。その一点では、誰にも絶対に負けない。その覚悟をもって、諸君には、これからの幹部自衛官としての歩みを、進めていってもらいたいと思います。その第一は、何よりも、諸君を支えてくれる人たちへの感謝の気持ちです。

乃木大将は、常に、第一線にあって、兵士たちと苦楽を共にすることを、信条としていたと言います。諸君にも、部下となる自衛隊員たちの気持ちに寄り添える幹部自衛官となってほしい。同時に、諸君を育んでくださった御家族への感謝の気持ちを、忘れないでほしいと思います。

　今日も、本当に数多くの御家族の皆さんが、諸君の晴れ舞台を見るために御参列くださっています。私も、最高指揮官として、大切なお子さんを自衛隊に送り出してくださった皆さんに、この場を借りて、心から感謝申し上げたいと思います。お預かりする以上、しっかりと任務が遂行できるよう万全を期し、皆さんが誇れるような自衛官に育ててあげることをお約束いたします。》

　全世界に向って集団的自衛権行使の容認を明言し、行使の主体となる自衛官の十五年前の行為を称え、卒業生に覚悟を促し、家族に敬意を表したこの訓示は、歴史に残るでしょう。私はこの名演説に接し、十五年前の自衛官に対する「加害者としての非難」と八十五年前の軍人に対する「英雄としての美談」を思い出しました。

　狭山の墜落事故翌日の平成十一年十一月二十三日付朝日新聞は「空自機墜落、高圧線切る」「交通・ATM乱れる」「その時、街が止まった」「信号が消え、改札口は閉じたまま、手術も中断」「吸入器停止、2人病院へ」などと自衛隊を非難する見出しだけを並べ、自らを犠牲にして住民を守った二人の自衛官に対する敬意や哀悼の意の表明はありませんでした。

　当時の瓦力防衛庁長官は「高圧電線を切断し広範囲に停電させたこととあわせ、誠に遺憾で関係省庁に迷惑をかけたことをおわびする」（二十四日付朝日新聞夕刊）と陳謝し、葬送式を欠席しました。また、ある商店主が「我々は命懸けで商売をしているのに停電で迷惑した」

と非難している場面を放映したテレビがありました。私は思わず画面に向かって「命を懸けたのは自衛官だ、お前は生きているではないか」と、叫びました。

中川二佐（事故当時）は将補に、門屋三佐（同）は一佐に、二階級特別昇進しました。平成八年、ペルーの日本大使公邸がテロリストに占拠され、翌九年、ペルー軍が突入、このとき戦死した中佐は大佐に昇進、日本政府は勲三等旭日中綬章を授与しました。中川将補と門屋一佐には、殉職から一年後、ともに勲四等瑞宝章が授与されました。外国の大佐には勲三等旭日中綬章、自衛隊の少将や大佐に勲四等瑞宝章、自衛官に授与する勲章が外国軍人に授与するものよりも格段に下とは不思議です。

事故から十五年経って、防大卒業式訓示の冒頭で殉職者に対し哀悼の辞を述べたことに対し、亡くなった二人のパイロットは叙勲以上の感銘を受けたものと推察します。しかし、安倍首相の訓示を卒業式当日放映したＮＨＫも翌日報じた全国紙も、何故か、肝心の冒頭部分を無視しました。

昭和四年、空中戦闘法研究のため、英国留学中の小林淑人海軍大尉の飛行訓練中に類似の事態が生じました。その状況を真珠湾攻撃の機動部隊の航空参謀、のちに航空幕僚長を務めた源田實氏の著書『海軍航空隊始末記』（昭和三十六年、文藝春秋新社）から紹介します。

《ある日、戦闘機シスキンに搭乗して、上昇スピンの訓練をやっていたが、突如として、發動機から火を噴き出した。直ちに、落下傘降下を企圖したが、下方を見ると、丁度運悪く、人家の集團があった。……

小林大尉は、煙にむせながら考えた。「もし、ここで自分が脱出すれば、自分の生命は助かるであろう。しかし、無辜の町の人々を危険から救わなければならない。よし、たとえ、飛行機の中で、焼け死んでもかまわない。日本海軍の名譽にかけても、ここはひとつ、頑張らなければならない」と。

大尉は飛行機の姿勢を維持しながら、數分間の水平飛行を續けた。操縱席の中に、炎が入って來た。操縱桿を持つ右手、スロットルを持つ左手、共に手袋を通して皮膚が焼けただれた。飛行帽の下の眉毛は焼け落ちた。それでも、大尉は齒を喰いしばって我慢した。やがて、前方に原野が開けて來た。……バンドを解いて、機外に飛び出した。

小林大尉のこの美談は、當時の英國の各新聞に掲載せられ、日本海軍軍人の聲價を高めた。……英國の多くの家庭において、毎朝母親は子供に尋ねた。「あなたは、小林大尉を知っていますか」「はい、知っております」「どうした人ですか」「多くの人々を救けるために、自分の身の危險を顧みず、燃える飛行機を操縱して、安全な所まで飛び續け、そこで落下傘降下をした人です」という工合に、小林大尉は、當時の英國において、英雄として取り扱われた。》

源田空幕長の記述は、安倍首相の訓示とほぼ同じ、否、安倍首相の訓示が源田空将の記述と奇しくも同じでした。私がこの著書を読んだのは防大の四年生のときでした。自衛隊を「税金泥棒」と呼んでいる我が国と比べて大違いであり、大変感動しました。

安倍首相の日頃の言動と行動から、その狙いは我が国を戦後体制から脱却させ、普通の国、主権国家にする、との熱意を強く感じます。そのための手段が安倍内閣の安保、外交政策で、四本柱は「国家安全保障会議」（日本版ＮＳＣ）の設立、「特定秘密保護法」の制定、「集団的自衛権行使」の容認、憲法を改正して自衛隊の「国防軍」への位置付けです。

第一歩として平成二十五年「国家安全保障会議」創設関連法と「特定秘密保護法」を成立させ、次いで、平成二十六年、中間目標である「集団的自衛権の行使」容認を閣議決定し、最終目標は占領軍に押し付けられた「日本国憲法」（占領憲法）の改正でしょう。

その四本柱のいずれにおいても軍隊（自衛隊）、軍人（自衛官）が中核として任を果たすべきであることは論を待ちません。だから、安倍首相は訓示で卒業生に覚悟を促すとともに、それに見合うものとして、春の叙勲で元統合幕僚会議議長（現、統合幕僚長）に対して瑞宝大綬章（旧、勲一等瑞宝章）を授与したのでしょう。第一編第四章で述べましたが、元自衛官の勲一等は、内務官僚出身の初代の統幕議長が退官後、自治医大理事長の肩書で勲一等瑞宝章、元日赤社長の肩書で勲一等旭日大綬章はありますが、それ以降、陸士、海兵、防大出身者を含めて元自衛官に対しては初めてです。因みに、一川保夫元防衛相に授与したのが旭日重光章（旧、勲二等旭日重光章）です。安倍首相の決意の程がうかがえます。

しかし、政治家、高級官僚、有識者などは、安倍首相の決意を理解せず、ＮＳＣ、特定秘密保護法、集団的自衛権の行使をめぐる議論において、中核になるべき自衛官を従来どおり軽く扱っています。

二　いつまでも自衛隊を「苦役」扱いする政治家と官僚

自衛官を従来どおり、侮辱している最たるものは、自衛官の「苦役」扱いです。

平成二十六年七月十五日の参院予算委員会で、社民党の吉田忠智氏は徴兵制について次のように質問しました。

《憲法十八条の意に反する苦役に当るわけでありまして、これは認められない、いうふうに政府は一貫して説明を頂いております。で、総理も全く考えていないといわれているのは私も承知をしています。勿論、我が党も徴兵制導入には絶対あってはならないことだと思っております。しかし、従来憲法上許されないとされてきた集団的自衛権、これを可能であるというふうに、解釈変更、今回されたわけですね、法制局長官にお伺をしますが、将来今回のように、徴兵制が意に反する苦役に当らないとの憲法解釈の見直し、解釈変更の閣議決定があれば、徴兵制も可能になる、そのような危惧はあるんじゃありませんか。》この質問に対して、横畠裕介内閣法制局長官は次のように答えました。

《徴兵制は、我が憲法の秩序の下では、社会の構成員が、社会生活を営むについて公共の福祉に照らし当然に負担すべきものとして社会的に認められるようなものではないのに、兵役といわれる役務の提供を義務として課されるという点にその本質があり、平時であると有事であると問わず憲法第十三条（筆者注・「すべて国民は、個人として尊重される。生命、自由及び幸福追求に対する国民の権利については、公共の福祉に反しない限り、立法その他の国政の上で、最大の尊重を必要とする」）、第十八条（筆者注・「何人も、いかなる奴隷的拘束も受けない。又、犯罪に因る処罰の場合を除いては、その意に反する苦役に服させられない」）などの規定の趣旨からみて、許容されるものではないことは明らかであって、ご指摘のような解釈変更の余地はないと考えております。環境の変化によって意に反する苦役であるかどうかということが変化することはあり得ないということでございます。》

この見解は昭和五十五年八月十五日の衆議院稲葉誠一議員の「質問主意書に対する答弁書」の鸚鵡返しで、左翼陣営が、自衛隊を憲法違反、自衛官を税金泥棒と罵っていた頃の政府のこと勿れ答弁です。

当時の政府が野党の徴兵制をするのではないかとの追及に、徴兵ができない根拠を憲法に求めましたが、占領憲法のどこを読んでも、徴兵を否定する文言がありません。困った政府が徴兵制は「奴隷的拘束」「意に反する苦役」とこじつけ、「兵役」に服している自衛官を「苦役」に従事する〝賎民〟として扱い、侮辱したのです。このようなことから、「兵役」の位置付けを「苦役」のまま放置して、自衛官に集団的自衛権を行使させようとする考えは許し難いものがあります。

私は『自衛隊が軍隊になる日』（平成六年、展転社）、『徴兵制が日本を救う』（平成十二年、同）で、「一朝有事の際、国のために命懸けで任務を遂行する兵役を苦役などと蔑んでいる国は日本だけである。外国では、兵役を神聖な任務とし、軍人を尊敬している」と述べました。あれから二十年、また、同じ表現を用いた法制局長官に怒りを覚えました。

安倍首相は、直ちに法制局長官を解任し、自衛官に謝罪すべきですが、「もうすでに私、昨年ですかね、自民党の憲法草案との関係でお答えさせていただいておりますが、現憲法下においてですね、これは憲法違反であるということは明確に述べているわけでございます」と述べました。しかし、前述したように、憲法のどこを読んでも、徴兵ができないとの文言はありません。安倍首相の「徴兵制憲法違反」発言は、防大の卒業式の訓示で「今ほど、自衛隊が、国民から信頼され、頼りにされている時代は、かつてなかったのではないでしょうか」と述べたのが虚に聞えてしまいます。

社民党は今回ポスターを作り、その中で「あの日から、パパは帰ってこなかった」と記載しました。朝日新聞（七月十七日付）は「『あの日から、パパは帰ってこなかった』という少年のつぶやきを載せ、『刺激的かもしれないが、自衛隊員の方々の命、国民の命に関わる問題だと訴える』（党幹部）狙いがある」と述べました。いかにも自衛官の立場にたった言い方ですが、自衛官は自分たちの任務を苦役扱いした社民党に「ふざけるな」と怒りを露にしています。

徴兵、志願を問わず、男子は二年くらい兵役に服するべきです。二年の理由は、一年目は「服従」を学び、二年目には後輩に対する「指導術」を学べば、立派な日本男児となれるからです。兵役に就かず、兵役を苦役という者は普通の国では「国賊」と糾弾され、公務員であれば解職、政治家であれば落選は免れません。兵役に従事せず、軍隊から生命財産を守ってもらうことは、国民年金保険料を支払わず、国民年金をもらうようなものです。

軍隊は外国からの侵攻に対処するだけではありません。大規模な災害に対処する最大の組織です。軍人には命を懸けて国家、国民を守る義務があり、軍事訓練だけではなく、国家に忠誠を誓う〝精神教育〟を受けています。でありますから長期間、家族と離れて、命を懸けて任務を遂行できるのです。

私は陸上幕僚監部教育訓練部の班長（一佐）の時、陸上自衛官に対する愛国心、使命感など精神教育も担当しました。教育資料を見せろとか、部外者（民間人）の講演した録音テープを聞かせろとか、「反自衛隊」の立場からの非生産的な要求に生産的な業務が阻害されたことがあります。

政治家や国民が自衛隊の活動に報いることは、通り一遍の口先だけの「感謝」ではなく、憲法を改正して、自衛隊を軍隊、自衛官を軍人として認知し、内閣の輔弼と責任のもと、「元首である天皇は、国軍の最高司令官である」と明記することです。

外国では神聖な任務と位置付けている兵役を国民の義務としている国が少なくありませ

ん。例えば、我が周辺国の中国、韓国、北朝鮮、ロシアは徴兵制です。同じ敗戦国のドイツは平成二十三年七月一日から徴兵は停止していますが、基本法（憲法）での兵役の義務はそのままで、いつでも徴兵ができます。

一般的に国民は、保守も左翼も兵役を嫌います。外敵の侵攻や災害が発生した場合、助ける方よりも助けて貰う方になりたいと願っています。平時においても、外出は制限され、厳しい訓練があり、規律に縛られる兵役に服したくない。それ故、志願制の国では、政治家や金持ちの子供に志願者が少なく、志願するのは一部の愛国者と経済的に恵まれていない家庭の子供です。災害などでは自衛隊に助けを求めますが、徴兵制に反対するのは、身勝手な話です。

左翼は集団的自衛権の行使が容認されれば徴兵制に進むと叫んでいます。しかし、世界最強の軍事大国であるアメリカは志願制です。但し、兵士を集めるため、軍人にはいろいろな恩典があります。平成十一年版「防衛白書」を要約して補足しますと、軍人年金は一般公務員とは別で全額国庫負担、受給資格は原則二十年の勤務で発生、退役直後から支給され、支給額は三十年勤務すれば、退役前三十六カ月の基本給の平均月額の七五％です。

軍隊の基地内の売店では酒や食料品などは軍人には免税です。退役軍人には、基地内で免税品を購入することができ、軍病院の利用、健康保険等の恩典もあります。それ故、退役した後は基地の近くに住居を構え、基地に出かけて買物をします。また、教師、警察官に再就職すれば、国が雇用主に助成金を給付しています。

イギリスも志願制ですが、軍人には、文官とは別の軍人年金制度であり、受給資格は、将校は十六年、下士官は二十二年の勤務により発生、支給最高額は、退役時の基本給の四八・五％です。また、「ノーブレス・オブリージュ」（高貴な身分の者は、身分に見合った義務）があり、最大の義務は兵役です。王室の方々も兵役に従事されます。また、軍の最高司令官は、実質上は首相ですが、名目上は元首たる女王陛下です。

ウィリアム王子とキャサリン妃の結婚式が行われた時、陸軍士官学校出身のウィリアム王子も、参列されたフィリップ殿下、チャールズ皇太子、ヘンリー王子も軍服（礼装）です。ウィリアム王子は空軍救助ヘリのパイロットとして勤務され、ヘンリー王子はアフガンに従軍され、チャールズ皇太子は、イラクを訪問され兵士を激励されています。

自衛隊員は入隊時、法律に基づいて、「……強い責任感をもって専心職務の遂行に当たり、事に臨んでは危険を顧みず、身をもって責務の完遂に努め、……」と宣誓している唯一の国民です。このような宣誓をし、ＰＫＯや災害時に出動している自衛官に対して、感謝するだけでは、単なる「作業員」扱いであって、「武士」に対する礼ではありません。自衛隊を「軍隊」、自衛官を「軍人」として認知しないのであれば、「命懸け」の任務を与えるべきではありません。

我が国では、政治家や官僚の息子は、ほとんど自衛隊に入隊しません。本心では兵役を「苦役」と思っているのでしょう。それ故、自衛官を軽く扱います。以下その実態を述べます。

三　自衛官を「歩」扱いする国家安全保障局

国家安全保障会議には、外交・安全保障政策の基本方針を決定する首相、官房長官、外相、防衛相からなる「四大臣会合」、文民統制機能を維持する「九大臣会合」、重大な緊急事態に対処する「緊急事態大臣会合」があり、平成二十五年十二月四日に発足しました。そして、NSCを恒常的にサポートする事務局「国家安全保障局」（安保局）が平成二十六年一月七日、六十七人体制で設置されました。自衛隊OBで構成する「隊友会」が発行する『隊友』（三月十五日付、四月十五日付）によれば、メンバーの半数である三十三人が防衛省から、その内、自衛官が十三人（将補一人、一佐六人、二佐六人）、文官が二十人です。

安保局は、局長が外交官出身、局次長が防衛官僚と外務官僚出身の二人、審議官が防衛官僚、外務官僚、自衛官の三人、その下に次に示す六個班（人員数は『隊友』から）があります。

①総括・調整班（十九名、長・防衛官僚、自衛官二名）、局内の総括、NSCの事務を担当。
②政策第一班（八名、長・外務官僚、自衛官二名）、米国、欧州などを担当。
③政策第二班（八名、長・外務官僚、自衛官二名）、北東アジア、ロシアを担当。
④政策第三班（七名、長・防衛官僚、自衛官二名）、中東、アフリカなどを担当。

⑤戦略企画班（八名、長・防衛官僚、自衛官二名）、防衛計画の大綱などを担当。
⑥情報班（十一名、長・警察官僚、自衛官二名）。

メンバー六十七人の内、班長以上のポストが十二人ですから、メンバーの半数を占める防衛省に局次長、審議官二人、班長三人の計六人を割り当てたのでしょう。ところが、この六ポストの内、五人が官僚、自衛官は一人にすぎません。外務省、警察庁は全て官僚ですから、班長以上十二人中、「文官」十一人に対して「武官」は一人だけです。全般のバランス上、自衛官五人を班長以上にし、かつ防衛省職員の三十三人の内、少なくても二十人を自衛官にすべきだったのではないでしょうか。

自衛官は防衛官僚や外務官僚や警察官僚の配下に置かれ、将棋の〝歩〟扱いです。海外派遣や災害派遣など緊張感の高い現場で任務に当たるのは自衛官、集団的自衛権が行使され戦死するのも自衛官、すなわち、種を蒔くのは自衛官、果実を味わうのは官僚、これは文民統制ではなく、官僚統制です。自衛官には現場を経験した適任者は沢山います。何故、遠ざけるのでしょうか。自衛官に不平、不満が鬱積、禍根を残すことになるでしょう。

四　「秘密」漏洩防止よりも暴露を目論む特定秘密保護法論議

特定秘密保護法にいう「特定秘密」とは、特定秘密保護法で別表に掲げる①防衛に関する事項②外交に関する事項③特定有害活動の防止に関する事項④テロリズムの防止に関する事項――に関する情報であって、「公になっていないもののうち、その漏えいが我が国の安全保障に著しい支障を与えるおそれがあるため、特に秘匿することが必要であるもの」が指定されます。罰則は「特定秘密の取扱いの業務に従事する者がその業務により知得した特定秘密を漏らしたときは、十年以下の懲役に処し、又は情状により十年以下の懲役及び千万円以下の罰金に処する。特定秘密の取扱いの業務に従事しなくなった後においても、同様とする」などと定められています。

●朝日新聞のミスリード

特定秘密保護法案に対してマスコミ、特に朝日新聞は、審議以前はいうに及ばず、成立以降においても連日の如く非難、反対を繰り返しました。「日米安保条約で戦争に巻き込まれる」などと国民を扇動して国内を混乱に陥れた半世紀前の防大学生時代の安保騒動を思い出しました。今回も、国家の存立よりも報道の自由や国民の知る権利が強調され、とても主権国家とは言えない様相をさらけ出し、その非難数は、八月末から十二月半ばまでに、なんと社説二十六本、天声人語七本です（詳細・「W・i・L・L」拙論）。

特別編集委員の星浩氏は、平成二十五年十一月十七日付で「秘密保護法案　あの頃の自民なら」との見出しで「宮下氏（筆者注・創平氏、陸軍士官学校卒業、元防衛庁長官）と同世代の故・梶山静六氏や野中広務氏、少し年下の加藤紘一氏や河野洋平氏のような面々が自民党で活躍していたら、こんな法案が提出されることはなかったのではないか。秘密保護の法案を作るにしても、歯止めをめぐって侃々諤々の議論が党内で巻き起こっていたに違いない。この法案は政権政党としての自民党の劣化を映し出している」と述べていました。星氏は、加藤氏の〝過去〟を知って述べているのでしょうか。

加藤氏は「六十年安保騒動」当時、東大の二年生でした。加藤氏の父・精三氏は自民党所属の国会議員で、安保騒動時、安保特別委員会の委員でした。紘一氏はこの時、日米安保反対、自衛隊反対を叫ぶデモに参加していました。が、かつての自分の〝非行〟にけじめをつけることなく、防衛庁長官に就任しました。

それればかりではありません。長官を終えたあと、平成六年十一月三日付産経新聞で、「安保の中身を知っている者は百人に二人もいなかった。だから安保闘争は安保改定論議ではなかった」などと無責任な発言をしています。さらに平成二十四年の衆院選挙で落選して先祖返りし、「赤旗」で安倍首相を批判しています。

私は安保騒動時、防衛大学校の三年生でした。朝日新聞などのマスコミに踊らされ、ほとんどの大学では授業が行われておらず、まともに授業が行われていたのは防大などわずかでした。

加藤氏は現在に至るも、安保騒動を「安保闘争」と肯定的に呼んでいますが、加藤氏が述べているように安保の中身を知っている者は百人に二人もおらず、ほとんどの者はマスコミに踊らされてデモに参加していたのです。我が国は安保改定後、自衛隊と日米安保に守られ大成長し、デモ参加者はデモに参加したことをすっかり忘れ、大臣になったり、高級官僚になったり、一流企業の役員になったりして、現在、多額の年金を貰って豊かな老後を楽しんでいることでしょう。

朝日新聞などの扇動が間違っていたことが明白になりましたが、謝罪することなく、今回もまた国民をミスリードしているのです。

星氏は、河野氏や加藤氏が自民党で活躍していたら「こんな法案が提出されることはなかったのではないか」「この法案は政権政党としての自民党の劣化を映し出している」と結んでいますが、当時の自民党の方こそ劣化していたのです。そのなによりの証拠は、「河野談話」が出されたり、加藤氏のような人が防衛庁長官に就任したりすることができたことです。因みに、「村山談話」も自社政権の産物です。

特定秘密保護法第十二条で「行政機関の長は、政令で定めるところにより、次に掲げる者について、その者が特定秘密の取扱いの業務を行った場合にこれを漏らすおそれがないことについての評価（以下「適正評価」という。）を実施するものとする」と定めています。

この規定について朝日新聞は、「民の私生活も侵すか」「飲酒量・借金・配偶者の国籍……」（十一月二十九日付）、「身上調査　防衛の足かせ」「負債額・宗教・恋人の国籍……」（十二月一日付）、「防衛産業にも身上調査」「防衛省、飲酒や交友関係」（十二月十日付）、などと「適正評価」を非難しています。

しかし、国家にとって重要な特定秘密を扱う者を評価するのは当然です。民間企業でも、会社の最高の企業秘密を全社員に知らせる筈はなく、取り扱う者を信用のおける特定の社員に限定するでしょう。朝日新聞社では、自社の全ての企業秘密を全社員や読者に知らせているのでしょうか。

十二月三日付夕刊で「秘密は増える歴史が語る」「戦前の報道差し止め資料、仙台に」との見出しで、「戦前の報道の差し止め命令の実態を示す貴重な資料が、仙台市の仙台文学館に所蔵されている。特定秘密保護法案の国会審議が大詰めを迎えているが、歴史の教訓が何を示すのか、考える必要がありそうだ」と述べ、二・二六事件についての記事差し止め命令書や支那事変に関する記事差し止め命令書を写真で紹介していました。

我が国は、中国や北朝鮮のような独裁国家ではなく、成熟した民主主義国家です。マスコミが自衛隊をさんざん侮辱してもお咎めなしの言論の自由がある国です。戦前の例を挙げて国民の恐怖心を煽る行為は、時代錯誤も甚だしいものがあります。

特定秘密保護法を潰すためには何でも利用する朝日新聞の真の狙いはどこにあるのでしょうか。朝日新聞の行為は、中国や韓国など一部の外国を喜ばせるだけです。

連日のように読者投稿欄「声」に、「社説」に似たような見出しをも含め、朝日新聞の論調に合致した意見を二カ月足らずで、なんと六十九本も反対意見を掲載して駄目を押しました（詳細・「Ｗ・ｉＬＬ」拙論）。投稿には賛成意見がなかったのでしょうか。それとも、賛成意見を掲載しないから、賛成者は投稿しないのでしょうか。賛成意見を掲載しないのであれば、独裁国家の新聞のようで、恐ろしいの一言に尽きます。

読者は次の見出しが分かるでしょうか。

●「デモ、徹夜で国会を包む　一般市民参加、目立つ　三十三万を動員」
●「社党、不承認を宣言」
●「新条約は違憲　院内外の闘争強化　社会党宣言」

次の見出しと比較して下さい。

●「やまない怒り　列島包む」
●「反対　あきらめぬ」
●「知る権利損なう恐れ　参院本会議　賛成、自公のみ」
●「欠陥法案　数で突破」

前者は昭和三十五年六月十九日付で「安保新条約、ついに自然承認」との記事で、後者は平成二十五年十二月七日付「秘密保護法が成立」との記事です。似ているとは思いませんか。

昭和三十五年六月十九日付の「天声人語」では、

「ついに政治的テロ行為が飛び出した。その凶刃を受けたのは社会党の河上丈太郎代議士で、犯人が第二撃を加える前に捕らえられたので、生命を失うに至らなかったのは不幸中の幸いである。……▼これらの根元は何かといえば、岸首相の政治の悪さによるというほかない。警官の国会導入と単独採決いらい、この一カ月間だけのやり方を見ても、そこには官僚政治家の独善の姿があるだけで、民意をくんで民意に従う気持ちは少しも見えない▼これだけ大きな〝声ある声〟にさえ耳を傾けようとしないのは、岸首相には民主主義が本当に分かっていないからではないのか。〝民が主〟の民主主義ではなく、何事も岸さんが主の〝岸主主義〟でしかない」

と岸信介首相を非難しました。平成二十五年十二月十一日付「天声人語」では、「週末にはゴリ押しの採決、週が明ければ反省の弁、にはあきれた人が多いのではないか。三日早く反省してくれていれば、審議不十分の事態は変わっていたはずなのに。もはや後戻りはないから『反省』を口にするのだとお見受けした」

と安倍首相を非難しました。

「天声人語」は五十年以上前から進歩していません。

朝日新聞は安保騒動と今回の大きな違いを無視しています。それは内閣の支持率です。平成二十年十二月十六日付朝日新聞夕刊に、過去同紙が調査した歴代内閣の退陣前の支持率を掲載しています。それによりますと岸内閣の支持率は、支持は一二%、不支持は五八%で、支持が不支持よりも四六%下回っていました。

ところが、今回の朝日新聞が法案成立後の十二月七日に調査を実施した安倍内閣の支持率は、支持が四六％、不支持が三四％、支持が不支持を一二％上回っているのです。

朝日新聞以外でも安倍内閣の支持率は特定秘密法成立後も高支持率です。例えば、読売新聞（六日～八日実施）は、支持が五五％、不支持が三八％、産経新聞とFNN（十四日、十五日実施）は、支持が四七・四％、不支持が三八・七％、共同通信（八日、九日実施）は支持が四七・六％、不支持は三八・四％で、いずれも支持が不支持を一〇％前後上回っています。朝日新聞などが大反対して騒いだ割りには高支持率で、ガッカリしたことでしょう。

安保騒動当時と現在では、国民の意識は変わっているのです。変わらないのは朝日新聞や一部の政治家です。

マスコミは、サッカーなどが本番に備えての練習に記者を遠ざけても当然なことと思って非難しません。スポーツの秘密は認めるが、国家の秘密を認めないとは理解できません。朝日新聞の真の狙いは国家の弱体化にあるのではないでしょうか。

朝日新聞などは、日米安保によって我が国が発展したことを素直に認めて国民に謝罪すべきが筋です。謝罪もせず、今回もまた善良な国民をミスリードする行為は許されません。

特定秘密保護法は、国家安全保障会議（NSC）と並んで我が国が普通の国になるために必要な法律です。法律が成立しますと、同盟国・米国務省のハーフ副報道官は六日（日本時間七日未明）、「情報の安全は同盟関係の協力において決定的な役割を果たす」（十二月七日付朝日新聞夕刊）と述べましたが、韓国の東亜日報は十二月七日付朝刊で「日本は『普通の国』

に変わるための軌道に乗った。戦争や軍隊の保有を禁じた戦後体制から脱し、戦争ができる国をつくることだ」（同）、中国の国営中央テレビは七日朝「軍事国家へ突き進むための強引な手法」（同）と非難しました。

『孫子』（兵法）は一篇から十三篇まであり、最後の十三篇を「用間」で締めくくっています。「用間」とは「間（者）」を用いることで、「間」には敵国の民間人などを用いる「郷間」、敵国の公務員などを用いる「内間」、敵国の外交官、大使館付武官などを用いる「反間」、自国の間者を敵国に潜入させ、自らあるいは敵国人を買収や扇動などをして流言飛語を撒き散らす「死間」、自国の間者を敵国の有力組織に潜入させ、その組織の重要な情報を本国に持ち帰らせる「生間」の五つがあると述べています。

朝日新聞の報道は、「東亜日報」や中国の「国営中央テレビ」の報道とそっくりで、『孫子』のいう「郷間」です。

●特定秘密保護法も自衛隊だけを圧迫

外交、防衛に関して表現する場合の一般的順序は「外交、防衛」ですが、本法では「外交」よりも「防衛」を先に挙げています。また、我が国のマスコミは通常「警察、消防、自衛隊」の順序で扱いますが、本法においては外国並みに「警察」よりも「自衛隊（軍）」を先に挙げています。防衛を先にしたのは次の二つの理由から当然です。

一つは、防衛省が保持する特定秘密は、防衛省以外の省庁が保持するそれよりも国家安全保障上、極めて重要だからです。外国が侵攻してきた場合、自衛隊がどのような行動をとるのか、保持している装備の性能はどうか、防衛力をどのように整備するのか、武器、弾薬、航空機の研究開発状況など、中国などの外国は喉から手が出るほど欲しがっているでしょう。知る権利を優先させ、反日的あるいは国家意識欠如の国民や団体に知らせれば、直ちに外国にご注進となり、国の防衛が成り立たなくなります。

二つは、特定秘密を取り扱う職員数は、防衛省が防衛省以外の省庁より極端に多いことです。特定秘密保護法によって指定される特定秘密は、現行の「特別管理秘密」に該当する情報から選ばれるでしょう。現在、政府が保持する特別管理秘密（防衛省の場合は「防衛秘密」）は約四十二万件あり、その内の九割が衛星写真、衛星写真以外の情報である暗号や装備品の性能など、ほとんどは防衛省が保持しています。これら防衛省の特別管理秘密がそのまま特定秘密に移行するでしょうが、防衛省以外の省庁では特別管理秘密を絞ったものになると思われます。

従って、特定秘密を取り扱う職員は、防衛省以外の省庁では高級官僚や特定職域の職員に限定されますが、自衛隊では〝下士官・兵〟にも及びます。

因みに、特別管理秘密を取り扱う人数も朝日新聞（平成二十六年一月六日付）によれば、防衛省が約六万四百八十人、外務省が二千十四人、警察庁が五百五十三人、内閣官房が五百十九人、海上保安庁が三百十人、公安調査庁が百五十四人、経済産業省が八十九人、総務省が二十二人、国土交通省が十三人、宮内庁が四人で、防衛省が全体の九四％余りを占め、外務省が三％、警察庁は一％以下に過ぎません。

すなわち、この法律によって、最も制約を受けるのは、自衛隊員、特に自衛官なのです。にもかかわらず、自衛官の身になった議論は見当たりません。因みに、「自衛隊員」とは自衛官の他、事務次官、防大校長などの「文官」、防大の学生なども含みます。

そして、最大の問題は特定秘密に対する国会議員の認識です。国家防衛のため、如何にして秘密の漏洩を防止するかよりも、「秘密指定の監視」「知る権利」「報道の自由」を優先させています。

●防衛秘密のチェックは素人に無理

「特定秘密保護法」国会審議の過程で、野党から特定秘密の指定の妥当性などを検証するための「第三者機関」を設置すべしとの意見がでて、内閣官房に「保全監視委員会」を、内閣府に「独立公文書管理監」及び「情報保全監察室」を、有識者による「情報保全諮問会議」を設置しました。

これらとは別に、国会法を改正して国会内に監視機関として「情報監視審査会」の設置です。

第三者機関には大きな問題があります。例えば、「防衛に関する事項」の特定秘密についていえば、これらの機関の委員である政治家、官僚、有識者などは、ほとんどが兵役の経験がなく、鉄砲にすら触れたこともなく、命を懸けて国家のために任務を遂行したことがない人たちです。どこが秘密になるのか判断できるとは思えません。

自衛隊員ではない人たちの秘密保全意識は自衛隊員などと比べて低いと思われ、漏洩する可能性が少なくないと思います。と言いますのは、自衛隊員は入隊すれば通常定年まで勤務し、国家に対する忠誠心があります。入隊に際し、「事に臨んでは危険を顧みず、身をもって責務の完遂に努め」と「宣誓」しますが、警察官、海上保安官、検察官を含め一般の公務員は、このような文言の入った宣誓をしません、最高指揮官の首相、防衛大臣、同副大臣、政務官を含め政治家や民間人は「宣誓」すらしません。

第一編第二章で若干触れましたが、宣誓について平成十五年五月二十日の参院武力攻撃事態への対処に関する特別委員会で、自由党（当時）の田村秀昭議員と小泉首相の間で、次の問答が行われました。

《●田村議員

防衛庁長官及び副大臣、政務官はこの服務の宣誓はしていないんです。自分の部下はみんな命を懸けると言っているのに、その最高指揮官である内閣総理大臣及び防衛庁長官はこの服務の宣誓をやっておられない。少なくとも防衛庁長官には、総理から、なぜ宣誓しないのかと、服務の宣誓をやったらどうかとおっしゃっていただきたいなと私は思うんですが、いかがですか。

●小泉首相

いや、防衛庁長官にしても総理大臣にしても、職に就けばいつ身を挺してもいいという覚悟で私は職務に当たっていると思います。

●田村議員

それはそのとおりだと思いますけれども、みんな服務の宣誓をやっておるわけですから、その最高指揮官である防衛庁長官、内閣総理大臣は服務の宣誓をおやりになるのが、そういう部下を統率する上に必要なことではないだろうかと私は思うんですが、いかがですか。

●小泉首相

すべて服務規定とか法律以前の問題だと思います。》

小泉首相は「防衛庁長官にしても総理大臣にしても、職に就けばいつ身を挺してもいいという覚悟で私は職務に当たっていると思います」と述べましたが、宣誓するとしないでは大違いです。内閣総理大臣、防衛大臣、同副大臣、政務官は、自衛隊員としての宣誓、幹部自衛官としての宣誓と同趣旨の宣誓書に署名押印して宣誓を行い、命懸けになって職務を遂行すべきです。

田村、小泉問答から半年あまり経った平成十六年、小泉首相、石破防衛庁長官は陸上自衛隊をサマワに派遣しました。この派遣は「派遣」との名目のもと実質は、陸軍部隊の海外派兵です。派兵を命じた小泉首相も石破防衛庁長官も視察しませんでした。

石破氏は著書『国難』で、アフガニスタンの現地視察について次のように述べています。

《防衛大臣だった私は絶対に東京にいなくてはいけません。自衛隊の最高指揮官は総理ですが、その次の指揮官であり指示を出す立場の防衛大臣がのこのこと現場に行き、死んだりしたらどうしようもありません。さまざまな情報はむしろ防衛省にいたほうが手に入りますし、大臣が現場にいても混乱するだけです。「じゃあお前が行け」、「子供を行かせろ」という意見は、結局のところ、実のない口げんかのレベルです。また、自ら意志と使命感を持って仕事を選択し、そのうえで派遣されている自衛官たちに対して、とても失礼な話です。彼らは無理やり徴兵されているわけではありません。自らの仕事に誇りを持って、活動困難な地域に出向いてくれているのです。》

とんでもない言い逃れ発言です。部下だけ死地に追いやり、自分だけ死ぬのが嫌だから安全地帯にいる。大臣が死ねば、副大臣がいます。組織を理解していません。「自衛官は宣誓しているから死地に行くのは当然、自分は宣誓していないから行く必要がない」とも受け取れます。

軍隊のトップが、自分が死ぬのが嫌だと言えば、部下がついてきません。この発言は船が沈没して、真先に逃れたどこかの国の船長に似ています。「石破は卑怯者」と思っている自衛官は少なくないでしょう。

因みに、石破氏の後任の大野功統、額賀福志郎の両長官、自民党の武部勤幹事長、公明党の冬柴鉄三幹事長などは視察しました、死んだら石破氏よりもはるかに大きな影響を及ぼすアメリカのブッシュ大統領、イギリスのブレア首相なども視察しています。

石破氏は防衛大臣、防衛庁長官を歴任し、防衛に精通しているとか言われていますが、防衛の基本を理解しておらず、防衛の素人です。「安全保障法制担当相」を固辞した本当の理由は、防衛省に戻られないわけがあったのではないでしょうか。

●「免責特権」とは「特権意識」なり

第三者機関の中で特に問題なのは、国会の「監視機関」として設置した「情報監視審査会」です。秘密の指定が不適切だと判断した場合、強制力はありませんが、指定解除を勧告できます。

審査会は、衆院、参院の正副議長をオブザーバーに八人の委員で構成、委員は各会派の人数に応じて割り当てるとなっています。が、防衛省の特定秘密についていえば、政治家には秘密指定の妥当性の判断はできないでしょう。「反日的」議員もいます。彼らが職権を濫用して鬼の首でも取ったように何を言い出すか分かりません。

何よりも問題なのは、監視機関の構成員が特定秘密の提供を受け、それを外部に漏らした場合の罰則が最長五年の懲役にすぎないことです。自衛官や公務員が漏らせば最長が十年ですから、国会議員も当然最長十年、否それ以上の罰則を科すべきです。政治家が支持者の会合や宴席で票目当てに「○○大臣は二つのことを知っていればいい」などと得意顔で国家の秘密をぺらぺらしゃべった場合は厳罰に処すべきが当然です。

ところが驚くべきことに、森雅子同法案担当相は「憲法の免責特権は大変重い」（平成二十五年十一月十五日付朝日新聞夕刊）と答弁しています。日本維新の会も「監視機関の議員に守秘義務を課し、発言の自由を制限することは法制上、無理がある」（松野頼久国会議員団幹事長）（十二月十四日付け産経新聞）と反発しました。

安倍首相も平成二十六年一月三十一日、衆院予算委員会で、「秘密漏えいについては、米国とドイツにおいては、例えば、議員に対する免責特権もこの秘密会においてはないということになっているわけであります。まあ、日本においては、それは憲法において保障されておりますから、そういうことにはならないわけでありますす」と、安倍首相にしては、原稿を見ながらの、回りくどい歯切れの悪い、理解するのに骨の折れる発言をしました。

これらの発言は、憲法第五十一条「両議院の議員は、議院で行った演説、討論又は表決について、院外で責任を問はれない」に基づくと思われますが、この条文は個人や団体の名誉、プライバシーなどを侵害した場合に当てはまるものであり、国家機密の垂れ流しには当てはまらないのは当然でしょう。我が国よりもはるかに国家意識、国防意識を保持していると思われるアメリカ、ドイツの政治家にすら、安倍首相の発言にあるように「免責特権」がないのです。

軍人は世界共通です。特に同盟国においては絆が強く、自衛隊の一佐（外国軍の大佐相当）に米軍の中佐は敬礼します。自衛隊の二佐（中佐相当）は米軍の大佐に敬礼します。米軍は仲間意識から自衛官を信頼しています。それ故、外国の軍人は、政治家や官僚に教えない情報を自衛官には教えてくれるのです。大使館に防衛駐在官（大使館付武官）が必要なのはそのためです。

しかし、国会議員に免責特権があると知れわたれば、自衛官に話した情報が国会議員から漏れることをおそれて情報を教えてくれなくなり、「特定秘密保護法」を作ったが故に、今まで以上に情報が入らなくなるという本末転倒の状況となります。

自衛官や公務員は秘密を漏らせば厳罰で、自分たち政治家は漏らしても罪を免れるとの主張は、思い上がった「特権意識」ではないでしょうか。シビリアンコントロールとか国民の代表とか、聞いて呆れる話です。国会議員が「免責特権」を根拠に国会の本会議や委員会で秘密を話しても刑事罰が科せられないのであれば、特定秘密を知らせてはならない国民は唯一、国会議員ということになります。

五　説明は十分——理解できないのは国民の無知

マスコミや野党は、政府の集団的自衛権の説明不足を叫んでいました。しかし、安倍首相はじめ政府は十二分に説明しています。説明不足をいう国民は、説明しても理解できないのです。何故なら受け入れる素養がないからです。兵役に就いたことのない政治家や国民の集団的自衛権の理解度は、小学生や文系の学生に高等数学を教えても理解できないのに似ています。

韓国では平成十二年、総選挙における立候補者の兵役の有無が公表されるようになりました。その結果立候補者の兵役免除が二〇％超、一般国民の四倍以上もあることが問題になりました。これを裏返せば、兵役経験者は、一般国民は九五％、国会議員立候補者は八〇％です。我が国の国会議員の兵役経験者は防大出身の数人です。

国会議員、官僚、有識者を含め国民の大半は小銃にすら触れたことがなく、兵役を自衛官に押し付けています。説明しても理解できないのは当然です。だから説明不足、説明不足と叫ばないで、自ら進んで知るための努力をすべきではないでしょうか。

六　戦争できる国に

集団的自衛権行使に関して、自民党の中には、中国などの脅威が目前に迫る中、如何にして国を守るかよりも、選挙公約に反して、公明党の支持団体の票ほしさに同党に擦り寄ったり、中国に媚を売ったりする見苦しい議員すらいました。まるで秀吉の攻撃を前にした「小田原評定」でした。

朝日新聞は、我が国を「このまま『普通に戦争ができる国』まで落ちてしまうのか」（平成二十五年三月四日付「天声人語」）などと寝言のようなことを叫んでいます。我が国が集団的自衛権の行使に関係なく、外国の侵攻を受けた時、自衛官は命を懸けて戦うのです。戦争ができなければ国家、国民を守れないではないですか。

年間約五兆円の防衛費を費やして、戦車、護衛艦、戦闘機などの兵器を整備、その兵器を使って猛訓練しているのは、戦争ができるための精強な部隊にするためです。また、自衛隊は今まで血を流したことはないが、集団的自衛権を行使すれば、血を流すなどと叫んでいます。

しかし、自衛隊は、戦争ができるために備えて猛訓練をしていますから、発足以来、千八百五十一人（平成二十六年十月二十五日現在）の自衛官が殉職しています。この数は日清戦争の戦死・傷死者の計・千四百十七人（戦死者・千百三十二人、傷死者・二百八十五人）を上回っています。

七　軍隊（自衛隊）と警察・海保の本質的違い

イラク派兵に当って当時の先崎一陸上幕僚長は、平成十五年六月十九日の記者会見で「隊員が迷うことなく、自信を持って任務を達成できる条件を整えてもらいたい」（六月二十日付産経新聞）と述べました。

兵役の義務がなくなって七十年、我が国民は軍と警察・海上保安庁の本質的任務の差を理解していません。

●軍隊の相手は正義、警察の相手は不正義

警察が対処する相手は悪人（不正義）ですが、軍隊（自衛隊）が相手にする敵軍は国家の命令で行動しますので、悪人でなく善人（正義）です。すなわち警察の相手は法を犯した犯罪者ですが、軍隊の相手は正義であり、善人同士の戦いです。

犯罪者は警察に抵抗すれば職務執行妨害で罪が加算されますが、軍人の戦いは、戦時国際法を遵守する限りは、相手は自分たちを殺しても罪にはならず、逆に相手の国家から勲章がもらえます。

●行使する力は、軍隊は実力、警察は権力

相手に対して行使する力は、警察は国内法に基づく国家権力で、相手（不正義）よりも腕力が弱くても、警察（正義）が必ず勝ちます。

仙谷元官房長官は、自衛隊のことを暴力装置と言いましたが、ドイツのクラウゼヴィッツ将軍は『戦争論』の中で、「戦争は暴力行為である」と述べています。我が国が大東亜戦争に負けたのは、我が国が不正義だったからではなく、一所懸命に戦いましたが力が及ばなかったからであるように、正義が勝って、不正義が負けるのではなく、実力の強い方が勝ち、弱い方が負けるのです。

●使用する武器は、軍隊は無制限、警察は限定警察が使用する武器は、相手が保有する武器は限定されますので、拳銃、精々小銃で十分です。

しかし、軍隊の相手が、使用する武器は無制限です。核兵器を保有する国は、核抑止力を持たない敵に対しては報復される恐れがないから、安心して核兵器を使います。大東亜戦争でアメリカが、核を持たない我が国に核兵器を使用したのは、我が国に核抑止力がなかったからです。

●軍隊は命を懸けるが、警察は懸けなくてもいい

軍人は上官の命令があれば、死を覚悟して敵弾の中に突入しなければなりません。だから自衛官は「事に臨んでは危険を顧みず、身をもつて責務の完遂に努め」と宣誓するのです。が、警察官や海上保安官の宣誓には、右の文言がありません。つまり、警察官の職務も危険ではありますが、危険を顧みず、身をもつて責務を完遂しなくてもいいのです。これが自衛官と警察官の本質的な違いです。政府も国民もこのことを理解していません。

八　自衛官に「軍人」として「名誉・敬意・処遇」を

集団的自衛権の行使となれば、一段と任務が加わるのは自衛官で、自衛官から戦死者がでるのは間違いないでしょう。義務に見合った処遇は当然、自衛隊を軍隊、自衛官を軍人にす

ることです。自民党は憲法を改正して、国防軍へ位置付けるとしていますが、当面は困難でしょう。ならば、今まで述べた中で、改憲を待たずしてできる以下のことを直ちに実施すべきです。

●法律で兵役を神聖な任務と明記

自衛官は宣誓しているから危険な任務は当然だとの建前論の繰り返しは許されません。「兵役が苦役」とのフザケタ理屈を改め、兵役を「神聖な任務」であると法律で明記すべきです。

●陸、海、空将を認証官に

統合幕僚長、陸上幕僚長、海上幕僚長、航空幕僚長、陸上自衛隊の方面総監、海上自衛隊の自衛艦隊司令官、航空自衛隊の航空総隊司令官を認証官にすべきです。

●陸、海、空将に桐花大綬章、旭日大綬章

平成二十六年春の叙勲で、元統幕議長に瑞宝大綬章を授与したのは評価されますが、統合幕僚長に限定せず、前項で挙げた職に桐花大綬章、旭日大綬章を授与すべきです。村山富市元首相や河野洋平元官房長官に授与したのが桐花大綬章ですから、幕僚長や総監などの職にあった自衛官の叙勲として当然ではないでしょうか。これらの職に止まらず、全自衛官に現役中に勲章を授与すべきです。勲章とは軍服に着用（佩用）して栄えるものです。

現在は、大半の自衛官は定年まで勤務しても生存者叙勲すら授与されません。例えば、私の防大同期生（陸上要員）の受章者は二〇～三〇％です。軍人に現役中に勲章を授与しない国、まして定年まで勤務しても勲章を与えない国は、世界中で我が国だけでしょう。因みに、アメリカでは最高位の勲章「名誉勲章」は、現役の軍人だけに授与され、軍人以外には授与されません。

●防衛功労勲章の新設

生存者叙勲だけではなく、戦闘で功績があった自衛官に対して階級、年齢に関係なく授与する「防衛功労勲章」（金鵄勲章）を新設し、あわせ「防衛功労者」に指定、文化功労者並みの終身年金（年三百五十万円）を支給すべきです。仮に、千人に与えたとしても三十五億円、生活保護費・約三兆六千億円（平成二十四年度）の〇・一％以下、一万人に与えたとしても三百五十億円、生活保護費の一％以下です。因みに、平成二十六年八月一日現在の生活保護受給世帯百五十五万世帯中、外国人世帯は四万六千、つまり、三％を占めています。命を懸けての功績に対する功労金としては、決して多額ではありません。

●軍法会議の設置

主要国では軍人が軍事機密を漏らした場合、軍法会議が裁きますが、我が国では、自衛官が特定秘密を漏らした場合、今までの例から、自衛隊の警務隊ではなく、警察が捜査し、検察が捜査、起訴、求刑するでしょう。が、役人たる警察官や検察官に自衛官を捜査、起訴、求刑させるべきではなく、捜査、起訴、求刑、裁判権を自衛官に与えるべきです。

しかし、憲法に「特別裁判所は、これを設置することができない。行政機関は、終審として裁判を行ふことができない」とありますから、改憲までは、裁判は現行通りとしても、最低限、捜査、起訴、求刑の権限を警察や検察でなく、自衛隊に与えるべきでしょう。

●戦死者を靖國神社に合祀

自衛官に戦死者が出た場合、靖國神社に合祀し、首相以下全閣僚が参拝すべきです。その際、自衛官は天皇陛下のご親拝を賜ることも願っていることでしょう。「戦死手当」の十分な支給はいうまでもありません。

●防大校長を自衛官に

防大校長を自衛官にすべきです。外国では通常、士官学校長は軍人です、すでに述べましたが、初代校長の槇智雄氏の『防衛の務め』には「この学校は昔の陸軍士官学校と海軍兵学校を一つにしたもので、本来ならば当然軍人が校長であるが、吉田首相は今回は軍人でなく、しかも民間から選びたいと決意された」と慶應大学の教授、理事などを務めた槇氏を初代校長に選んだ当時の吉田首相の意向を明らかにしています。が、二代目以降においても、吉田氏の考えにも反して、未だ自衛官が校長に就いていません。

●皇居の警護は自衛隊で

イギリスなど王室を戴く国では、王室の警護は軍隊の任務です。我が国でも明治以降大東亜戦争に負けて軍隊が解体されるまでは近衛師団を設けて陸軍がお護りしていました。兵士も全国から集めました。兵役の神聖な任務の一貫として皇居の警護を警察から軍隊（自衛隊）

に戻すべきではないでしょうか。

●統帥権は天皇に

自民党の憲法改正草案では天皇が元首となっています。天皇が元首であれば、外国の例に倣って、統帥権は内閣の輔弼と責任のもと天皇にあるべきです。中途半端な改憲をしてはいけません。天皇に統帥権がある方が、内閣は勝手に戦争ができなくなるのではないでしょうか。

第十二章　完全目覚めは自主憲法の制定と国防軍の設置

――自主憲法を制定するか、亡国を選ぶか――

我が国の左派は、「国防軍」は憲法に反すると主張します。

「日本国憲法」とは、手短にいえば、占領下、占領軍が一週間程度で起案した英文（原案）を、日本語に翻訳させられたものです。アメリカなどの戦勝国の狙いは、我が国が将来に亘って二度と再び自分たちに刃向かうことができないようにすることでした。そのため、主権が回復した後においても変更することが極めて困難な改正規定（九十六条）を設けたのです。

朝日新聞は自衛隊が「制約された実力組織として内外に広く認知されている」「このまま『普通に戦争ができる国』まで落ちてしまうのか」と述べています。独立国は自分の意志で制約された軍隊をつくりません。外敵が侵攻して来た時、「普通に戦争」ができなければ、外敵を撃破できません。このような主張を繰り返すから周辺諸国から侮りを招くのです。

同じ敗戦国でもドイツは基本法（憲法）で「軍」を位置付け、戦争の禁止も「侵略戦争の禁止」としています。「日本国憲法」第二章は「戦争の放棄」です。両国の憲法を並べて素直に読めば、我が国は「自衛戦争」もできません。「国防軍」は違憲だと言う前に、国家防衛のために「軍」が必要であるか否かを論じ、必要だと思うのであれば、「自主憲法」を制定し、「軍」を明記せよと主張すべきが筋ではないでしょうか。今のままでは、憲法だけが残り、国は亡びてしまいます。いずれを選択するのか、現在、その分岐点にあります。

私は昭和三十三年、防衛大学校に入校しました。受験場にいた自衛官に「貴方は三尉ですか」と聞きますと「そうだ、だが、君たちが防大を卒業する頃には、自衛隊は軍として認知され、少尉とか大尉となるだろう」と言われ、それを信じて防大に入校しました。

待てど暮せど自衛隊は「軍」にならず、私は平成五年、「非正社員」のまま、陸上自衛隊を退官しました。国に騙された思いです。その一方、私も現役時代、後輩に「その内、自衛隊は『軍』に、自衛官は『軍人』になるから頑張れ」と激励してきました。退官して二十一年経ちますが、現在も「自衛隊」です。ある後輩から「柿谷先輩から『軍』『軍人』になると言われましたが、『軍』になったのは任務だけで、身分は『自衛官』のままです」と言われ、私も後輩を騙した方の一員になってしまいました。

自衛隊は平成に入り、「海外派遣」の名目で「海外派兵」されています。昭和時代には考えられなかったことです。海外派兵だけではなく、災害救助も命懸けの仕事は自衛隊です。

東日本大震災で、原発の冷却を行うため、自衛隊に対してヘリからの放水を命じた菅首相は平成二十三年三月二十日、防衛大学校の卒業式で「危険を顧みず、死力を尽くして活動を続ける自衛隊員諸君を誇りに思うとともに、彼らを支えるご家族に心からの敬意を表したい」と述べました。民主党は自衛隊に救われましたが、何故「国防軍」に反対するのでしょうか。

「喉元過ぎれば熱さを忘れる」とはこのことです。

橋下日本維新の会代表代行は「集団的自衛権はしっかりと行使を認める」と主張しました。日米同盟をより強固にするため我が国と米国が運命共同体になるのは当然ですが、「(自衛隊の) 名前を変えるのは反対」では、米国は「軍人」、我が国は「自分を守る軍の職員」、自衛官の誇りを著しく傷付けるもので、良心が咎めないのでしょうか。

外国からの侵攻であれ、大災害であれ、自衛隊は国家緊急時の最後の拠です。自衛隊員は入隊時、「事に臨んでは危険を顧みず、身をもつて責務の完遂に努め」と宣誓します。自衛官が命をかけで国家、国民を守るのは使命感からです。その使命感に報いるためにも「国防軍」にして、自衛官に名誉と地位を与えるのは政治家、国民の責務ではないでしょうか。

第十三章　総選挙で圧勝、自主憲法制定に歩を進める安倍首相

一　解散の狙い

安倍首相の目的は、我が国を戦後態勢から脱却させ真の独立国家にすることにあるのは明白で、目的達成のために奪取しなければならない最終目標は、前章（第十二章）で述べました、国防軍の設置を含む自主憲法の制定です。

自主憲法制定のために奪取すべき中間目標である、「防衛省」は第一次安倍内閣で、「国家安全保障会議」の設置、特定秘密保護法の制定、集団的自衛権行使容認の閣議決定は第二次安倍内閣で手中にし、残るは最終目標である自主憲法の制定です。

自主憲法を制定するには、一、二年では無理であり、三～四年は必要ですが、第二次安倍内閣の残りは、最大二年、平成二十七年に解散となれば一年です。一～二年後に安倍氏が総理、総裁として選挙をできる確約がなく、選挙ができても勝てるとの確約もありません。しかし、今なら内閣の支持率も自民党の支持率も高い、自民党の勝算は十二分、第三次内閣の成立は間違いない。これが解散の最大の理由でしょう。

二　不敗の態勢を確立して「アベノミクス解散」

安倍首相の解散表明を受け、民主党などの野党や朝日新聞などは、「アベノミクス」は失敗したなどと、「アベノミクス」の負の部分を言い立てましたが、何ら具体的な対案を示すことができません。これを見た安倍首相は「アベノミクス」で勝てると判断、逆手をとって解散を「アベノミクス解散」と命名したのでしょう。

第一次安倍内閣で、安倍氏は首相在任わずか一年で辞任しました。巷では辞任の理由をもっぱら健康上といいますが、果たして健康が主たる理由だったのでしょうか。

重複をいとわず繰り返しますと、安倍氏の靖國神社参拝や対中基本姿勢などの国家観に対し、多くの国民が支持したから第一次安倍内閣を組閣できたのです。しかし、国民との約束や期待に反して靖國神社に参拝せず、最初の訪問をアメリカではなく、中国、韓国としました。安倍首相は、支持率の高さに甘え、約束に反しても内外の安倍支持派が支持してくれるものと勘違いしたのではないでしょうか。つまり、『孫子』の教えに反し、「不敗の態勢」の確立を怠ったのです。

第二次安倍内閣では、安倍首相は第一次内閣の失敗を反省し、靖國神社に参拝しました。中国や韓国が文句を言ってきても毅然として自らの信念、国民との約束を重視し、日中首脳会談も二年間実施せず、アジア太平洋経済協力会議（ＡＰＥＣ）でようやく行いましたが、従来のような中国に迎合した首脳会談ではありませんでした。つまり「不敗の態勢」を確立しました。これが高支持率を維持している原因ではないでしょうか。

三　勝兵は勝った後に戦いを求め、敗兵は戦って後に勝を求める

『孫子』は、「軍計　第四」で次のように述べています。

《善く戦う者は不敗の地に立って而して敵の敗を失わず。是の故に勝兵は先ず勝って而して後に戦いを求め、敗兵は先ず戦って而して後に勝を求む。》

名将は、不敗の地に立って、敵の弱点を逃しません。勝つ部隊は、戦う前に勝利し、しかる後に戦います。負ける部隊は、先ず戦い、しかる後に勝利を摸索するのです。

昭和の初期を振り返りますと、満洲事変は不敗の態勢を確立して、戦う前に勝っていましたが、大東亜戦争は、先ず戦い、しかる後に勝を求めたのです。

過去三回の解散を振り返りますと、小泉内閣の郵政民営化解散は、戦う前に勝っていましたが、麻生内閣や野田内閣の解散は、勝算がなく、戦った後に勝を求めました。今回の「アベノミクス解散」は、どちらに当てはまるかは火を見るよりも明らかでした。

四　戦いの原則に則った「奇襲」「集中」「主動」

戦いには原則があります。国によって数と表現（用語）に若干の違いがありますが、戦勝獲得のため極めて重要な共通の原則は、「奇襲」「集中」「主動」の三つです。旧陸軍の「作戦要務令」は次のように述べています。

《戦捷ノ要ハ有形無形ノ各種戦闘要素ヲ綜合シテ敵ニ優ル威力ヲ要点ニ集中発揮セシムルニ在リ……敵ノ意表ニ出ヅルハ機ヲ制シ勝ヲ得ルノ要道ナリ……常ニ主動ノ位置ニ立チ全軍相戒メテ厳ニ我ガ軍ノ企図ヲ秘匿シ……敵ヲシテ之ニ対応スルノ策ナカラシムルコト緊要ナリ》

①奇襲

奇襲とは、敵の意表に出ることで、英語訳は「サプライズ」です。「サプライズ」とは「驚かす、びっくりさせる」との意味ですが、単に驚かすだけでは奇襲は成功しません。成功するためには「対応スルノ策ナカラシムルコト緊要ナリ」です。

野球に例えれば、バントで奇襲しても、野手の定位置付近にボールが転がれば、迅速に捕球されアウトになります。予測していない時と場所にボールを転がさなければ、バントは成功しません。

奇襲には天候の奇襲、時期の奇襲、場所の奇襲、兵器の奇襲、戦法の奇襲、部隊の規模・種類の奇襲などがあります。織田信長の「桶狭間」は、悪天候をついての攻撃で天候と時期の奇襲、「長篠の戦い」は、鉄砲を三段構えに使用したもので戦法の奇襲、帝国海軍の飛行機による艦艇に対する攻撃も戦法の奇襲、義経の「鵯越の戦い」は、馬が通れる筈がないと思われていた崖を下ったもので場所の奇襲、戦車、毒ガス、原爆の最初の使用は兵器の奇襲です。

安倍首相は誰もが解散するとは考えていない時期に解散しました。つまり時期の奇襲です。野党とは、選挙に勝たなければ政権を奪取できません。政権を奪取するためには選挙、つまり解散を歓迎すべきです。が、「大義なき解散」と叫んで「解散すべき時期でない」と非難しました。「反安倍」のマスコミも同様でした。これでは勝てる筈がありません。

時期の奇襲を受けた野党第一党の民主党は、定員の半数の候補者も擁立できず、党首の海江田万里氏に至っては、比例選に重複立候補しました。自民党から見れば敵の大将、民主党から見れば味方の大将、その大将が戦う前に逃げ道を準備したのです。これでは部下は付いて来ず、有権者から覚悟のなさを見透かされて比例復活の道を閉ざされました。

旧海軍刑法（抜粋、要旨）は「指揮官其ノ艦船危急ノ時ニ當リ、衆ニ先チテ其ノ艦船ヲ退去シタルトキハ、敵前ナルトキハ死刑ニ處ス」と定めていました。

韓国では船長が命欲しさに乗客に先立って退船し、問題になりましたが、我が国の政治家は落選して一国民になることが怖くて逃げ道を作るのです。海江田氏だけではありません。自民党の次期総裁を狙う中にも重複立候補して逃げ道を準備し、大将の器でないことを暴露した人もいました。

民主党は、枝野幸男幹事長が十一月二十九日、京都市での演説で、目標議席について「百議席」（十一月三十日付朝日新聞）と語りましたが、目標からほど遠く、結果は七十三議席にすぎませんでした。首脳部に迫力や熱意を感じなかったのが原因でしょう。

新しい維新の党は、江田憲司氏が従来からの「維新」の「大将」であったがごとく、テレビ討論会などに出ていましたが、結党時代の「維新」とは、国家観や志が可なり違っている感があります。議席が伸びなかった理由ではないでしょうか。

選挙戦の終盤になり、新聞各紙が自民党の優勢を報じますと、慌てふためいた、海江田代表は街頭演説で「自民党の数を増やすと、国会が機能しなくなる。（衆院の）3分の2になれば、憲法改正を必ず言い出す。国会の中で自民党の議員が増えると、議論の場である国会が機能しなくなる」（十二月十三日付朝日新聞）と述べました。が、自民党の優勢が伝えられたのは、民主党が自民党批判ばかりを繰り返し、民主党がどうするのか、言えないからです。

憲法改正が悪いように述べましたが、民主党の中にも、改憲賛成論者がいます。集団的自衛権行使を容認した閣議決定の撤回を公約に挙げましたが、行使そのものの賛否を明言しません。つまり、国家観が定まっていません。これでは国民の支持を得られません。

安倍氏の時期の奇襲が成功、野党に対応の暇を与えなかったことが最大の原因であったことは言うまでもありません。

②集中

安倍首相は、首相の解散表明とともに、立候補者を一気に決定しました。すなわち、戦力の集中が迅速でした。これに対して、野党は候補者の決定に手間取り、野党間の調整にも時間を要し、敵が準備して待ち構えている戦場へ後からのこのこ押しかけ、返り討ちにされてしまいました。すなわち、迅速な戦力の集中ができませんでした。

③主動

内閣不信任を突きつけられての解散は、主導権は野党にあり、時期の奇襲はできません。が、今回の解散は絶対多数を占める与党の党首で、安倍首相に絶対的な主導権があり、民主党首脳部の選挙区に安倍首相以下が乗り込み「主動の地」を確保し、刺客として民主党首脳部の落選運動を展開、敵の大将・海江田氏を討ち取りました。

朝日新聞は、「社説」や「声」で「反安倍」「反自民」の報道をしました。「従軍慰安婦」の誤報、虚報に対する安倍首相の批判に対する報復もあったと思います。自民党勝利を見て、早速「勝利すなわち白紙委任ではないことを、お忘れなく願いたい」（十二月十五日付「天声人語」）と述べました。有権者をバカにした論評です。選挙に勝ったということは、有権者は、安倍政権の外交、防衛政策、国家観も一挙に信任したことを意味します。

中谷氏の防衛相について、防衛庁長官時代を知る一部の人が、国会答弁を危惧しますが、当時は周囲が大先輩で気苦労だったと思います。が、その後の実績、更に今回は中谷氏が防大一年生の時、統合幕僚長は四年生、陸、海、空各幕僚長は二〜三年生、同じ釜の飯を食った間柄、各種法令の整備など順調に進むことが期待され、最適任の人事だと思われます。

おわりに

書店に行きますと、自衛隊勤務が全くない人が自衛隊を取材したり、人伝えで得た知識によって書かれたりした、自衛隊に関する著書を見かけます。自衛隊を過大評価したものや表面だけを捉えた記述もあります。自衛隊は〝閉鎖社会〟ですから中に入らなければ本当のことはわかりません。

政治家の発言も同様です。外国の多くの国では国防大臣には軍人や軍隊経験者が就任します。我が国は自衛隊発足からしばらくの間は、防衛庁長官や政務次官に、旧帝国陸海軍の軍人だった人も就任しましたが、ある時期から防衛大学校出身の中谷元氏、森本敏氏以外は、軍にも自衛隊にも勤務した経験のない政治家が就任しています。特に、統合幕僚会議議長（統合幕僚長）、陸、海、空幕僚長など、陸、海、空将経験者の就任は皆無です。

因みに、防衛大臣と他の大臣が部下に与える命令との根本的な違いは、防衛大臣の命令には部下の命が懸かっていることです。この自覚がなければ大臣の職務は務まりません。それ故、防衛大臣には他の大臣よりも厳しい資質が要求されます。

その資質とは、第一は、職に命を懸けることです。命欲しさから前線を視察しないような大臣の下では、部下は命懸けになれません。第二は事故が起きた時、保身のために部下に責任を押し付けないことです。卑怯な上司の下では、部下は安心して任務を遂行できません。

第三は清廉潔白です。不祥事を指摘され、国会や会見で平身低頭、言い訳し、防衛省に出向いて命令を下達しても、自衛官はとても従う気持ちになれません。

少しばかり部隊を視察したり、ごく一部の自衛官や部隊勤務のない防衛官僚の意見を聞いたりして、自衛隊の実情や自衛官の気持ちを掌握したと勘違いし、尤もらしい発言をしている防衛大臣（長官）や副大臣（副長官、政務次官）を見かけます。そのような大臣などの発言を兵役の義務がない国民は真実だと誤解します。

大臣や副大臣の部隊視察は、ＶＩＰの工場や博物館や美術館の見学に似ており、下にもおかぬもてなしです。実情の把握などできません。また、自衛隊の高級幹部が政治家の意に反する発言や応答をすれば出世が止まります。状況によってはクビになります。自分の意に反して迎合的な発言をする場合が少なくないでしょう。

自衛隊（軍隊）というところは、入隊（入営）すれば、社会にいた時の本人や親の地位、財産に関係なく、一階級上の隊員（兵士）、極端に言えば、一日先に入隊（入営）した古兵にしごかれます。しごかれることによって、自衛隊（軍隊）というところが、どういうところかを知ることができます。しかし、兵役の義務がない我が国では、国民は軍隊に勤務しませんから、軍隊を理解せよといってみたところで無理な話です。

我が国は敗戦から長い間、軍事抜きでした。安倍内閣が成立して、防衛庁の省格上げ、国家安全保障会議の設置、特定秘密保護法の制定、集団的自衛権の行使を認める閣議決定など普通の国並みに近づきつつあります。マスコミや左翼は、安倍首相のやり方に対して、今にも戦争が起きるのではないかと騒いでおります。しかし、これらの施策は、我が国以外の国家では当たり前のことです。

これらの施策によって、自衛官の任務は外国の軍人並みになりました。残された課題は、兵役を苦役などと侮辱するのではなく、第二編第十一章で述べましたように、自衛官を軍人として位置付け、外国軍人並みの名誉と処遇を与えることであり、防衛大臣に安全保障の素人や生半可な知識を弄ぶ政治家を就任させるのではなく、数回に一度は統合幕僚長、陸、海、空幕僚長などの経験者を就けることです。

最後に防衛省、特にその中核である自衛官に対して注文があります。防大生の保険金詐取、陰湿な暴行、高級幹部による泥酔して他人の屋敷への侵入など、極めて遺憾です。

海外派遣や災害派遣などの活躍が内外から認められ、国民からもちやほやされ、すこしばかり有頂天になっているからではないでしょうか。

戦争であれ、災害であれ、活躍するのは陸、海、空自衛隊です。その中核である幹部自衛官、特に高級幹部は防衛大学校出身者が占めています。幹部自衛官を養成する防大が前代未聞の不祥事を起こしては、国民の信頼感が地に落ちてしまいます。自衛官が国民の信を失えば任務が達成できません。防衛大学校は、建学の精神に立ち戻り、有能かつ忠誠なる「士官」の養成に全力をそそぐべきではないでしょうか。

参考文献

陸上自衛隊幹部学校修親会『近代日本戦争史概説』（昭和四十三年）
陸戦史研究普及会『陸戦史集3　第2師団のチチハル攻略』（昭和四十二年、原書房）
陸戦史研究普及会『陸戦史集15　硫黄島作戦』（昭和四十五年、原書房）
陸戦史研究普及会『陸戦史集16　雲南正面の作戦』（昭和四十五年、原書房）
服部卓四郎『大東亜戦争全史』（昭和四十六年、原書房）
藤塚　鄰・森　西洲『孫子新釋』（昭和十八年、弘道館）
栗栖弘臣『仮想敵国ソ連』（昭和五十五年、講談社）
源田實『海軍航空隊始末記』（昭和三十六年、文藝春秋新社）
山本氏七平『洪思翊中将の処刑』（昭和六十一年、文藝春秋）
槇智雄『防衛の務め　自衛隊の精神的拠点』（平成二十二年、中央公論新社）
槇智雄先生追想集編纂委員会『槇乃実』（昭和四十七年、槇智雄先生追想集編纂委員会）
桑原嶽『市ヶ谷台に学んだ人々』（平成十二年、文京出版）
伊藤正徳『大海軍を想う』（昭和三十五年、文藝春秋新社）
小堀桂一郎『靖国神社と日本人』（平成十年、ＰＨＰ研究所）
東京裁判研究会『パール判決書』（昭和四十一年、東京裁判刊行会）

清瀬一郎『秘録　東京裁判』（昭和六十一年、中央公論社）
憲法調査会小委員会報告書『日本国憲法制定の由来』（昭和三十六年、時事通信社）
草柳大蔵『実録・満鉄調査部』（昭和五十四年、朝日新聞社）
杉森久英『夕陽将軍―小説・石原莞爾―』（昭和五十二年、河出書房新社）
司馬遼太郎『世に棲む日日』（昭和五十年、文藝春秋）
児島襄『朝鮮戦争』（昭和五十二年、文藝春秋）
中野泰雄『安重根　日韓関係の原像』（昭和六十一年、亜紀書房）
小室直樹『韓国の悲劇　誰も書かなかった真実』（昭和六十年、光文社）
金完燮『親日派のための弁明』（平成十四年、草思社）
西尾幹二、金完燮『日韓大討論』（平成十五年、扶桑社）
金完燮『日韓「禁断の歴史」』（平成十五年、小学館）
石破茂『国難　政治に幻想はいらない』（平成二十四年、新潮社）
クラウゼヴィッツ、馬込健之助譯『戰爭論』（昭和八年、岩波書店）
柿谷勲夫『自衛隊が軍隊になる日』（平成六年、展転社）
柿谷勲夫『徴兵制が日本を救う』（平成十一年、展転社）
柿谷勲夫『「孫子」で読みとく日本の近・現代』（平成二十三年、菊池印刷、非売品）
蔡連錫『韓日両国間の友好関係発展のための提言』（「陸戦研究」平成四年八月号、陸戦学会）

柿谷勲夫『満州事変は侵略ではない』（月刊誌『正論』［平成七年二月号］）
柿谷勲夫『終わりなき中国の「戦後処理」要求　旧日本軍は化学砲弾を遺棄していない』（月刊誌『正論』［平成九年二月号］）
柿谷勲夫『校長と防衛相の防大潰しが始まった』（月刊誌『正論』［平成二十三年九月号］）
柿谷勲夫『自分しか愛せない五百旗頭前防大校長』（月刊誌『正論』［平成二十四年六月号］）
柿谷勲夫『日本よ、中国大陸から撤退せよ』（月刊誌『正論』［平成二十五二月号］）
柿谷勲夫『「国防軍」は百利あって一害なし』（月刊誌『正論』［平成二十五年五月号］）
柿谷勲夫『当直士官の敵は防衛省だった？』（月刊誌『正論』［平成二十五年九月号］）
柿谷勲夫『安保「進展」でも変わらぬ自衛官軽視という病』（月刊誌『正論』［平成二十六年七月号］）
柿谷勲夫『軍の尻を叩いた朝日新聞』（月刊誌『ＷｉＬＬ』［平成二十一年二月号］）
柿谷勲夫『防大生任官拒否はなぜ、急増したか』（月刊誌『ＷｉＬＬ』［平成二十一年六月号］）
柿谷勲夫『鳩山内閣の国家意識を総点検』（月刊誌『ＷｉＬＬ』［平成二十二年一月号］）
柿谷勲夫『自衛隊の私兵化を目論む民主政権』（月刊誌『ＷｉＬＬ』［平成二十三年四月号］）
柿谷勲夫『秘密保護法反対、朝日の狂乱』（月刊誌『ＷｉＬＬ』［平成二十六年三月号］）
柿谷勲夫『広島土石流報道　朝日の自衛隊隠し』（月刊誌『ＷｉＬＬ』［平成二十六年十一月号］）
柿谷勲夫『社会党死して「反日教科書」残す』（『ディフェンス』［平成九年春季号］）
防衛省（庁）『防衛白書』（各年版）

樋口陽一、吉田善明編者『解説　世界憲法集　改訂版』（平成五年、三省堂）
訳者（代表）野原四郎、斎藤秋男『世界の教科書＝歴史「中国2」』（昭和五十七年、ほるぷ出版）
訳者（代表）渡部學『世界の教科書＝歴史「韓国1」、「韓国2」』（昭和五十七年、ほるぷ出版）
西尾幹二（ほか十三名）『市販本　新しい歴史教科書』（平成十三年、扶桑社）
朝比奈正幸、小堀桂一郎、村松剛（ほか九名）『高等学校　最新日本史』（平成六年、国書刊行会）
昭和ニュース事典第六巻【昭和12年─昭和13年】昭和ニュース事典編纂委員会 毎日コミュニケーションズ
明治ニュース事典第八巻【明治41年─明治45年】明治ニュース事典編纂委員会 毎日コミュニケーションズ
海老原久『大陸を駈ける青春の炎』（平成三年、非売品）
編者「雄叫」編集委員会『軍歌「雄叫」』（平成八年、財団法人　偕行社）
靖國神社社務所『靖國』（平成二十六年一月一日など）
防衛大学校『槇校長講話集』
防衛大学校二十年史編集委員会『防衛大学校20年史』
防衛大学校同窓会機関誌『小原台だよりＶｏＬ19』（平成二十四年一月一日）
防衛大学校同窓会機関誌『小原台だよりＶｏＬ21』（平成二十六年一月一日）
首相の靖国神社参拝を求める国民の会『靖國神社に代わる国立追悼施設に反対を！（資料集）』（平成十四年）
『作戦要務令（摘録）』（昭和六十一年、財団法人偕行社）

カバーデザイン　妹尾善史（ランドフィッシュ）

柿谷勲夫（かきや　いさお）

昭和13年、石川県加賀市生まれ。同37年、防衛大学校（第6期）卒業と同時に陸上自衛隊入隊。同41年、大阪大学大学院修士課程（精密機械学）修了。その後、陸上幕僚監部防衛部、幹部学校戦略教官、陸上幕僚監部教育訓練部教範・教養班長、西部方面武器隊長、防衛大学校教授などを歴任。平成5年8月、退官（陸将補）。現在、軍事評論家。主な著書に『国を想い、国を憂う』（私家版）、『自衛隊が軍隊になる日』『徴兵制が日本を救う』（いづれも展転社）等

自衛隊が国軍になる日

「兵役」を「神聖な任務」とし普通の国に

平成二十七年一月二十五日　第一刷発行

著　者　柿谷　勲夫

発行人　藤本　隆之

発　行　展　転　社

〒157-0061　東京都世田谷区北烏山4-20-10

TEL　〇三（五三一四）九四七〇

FAX　〇三（五三一四）九四八〇

振替〇〇一四〇―六―七九九九二

印刷製本　中央精版印刷

定価［本体＋税］はカバーに表示してあります。

ISBN978-4-88656-411-5

てんでんBOOKS

[表示価格は本体価格（税抜）です]

徴兵制が日本を救う 柿谷勲夫

●元幹部自衛官が歯に衣着せず祖国の現状に警鐘。自衛官はもちろん国民必読の国防論が遂に最後のタブーを打ち破る。 1800円

役に立たない自衛隊、だからこうする 関 肇

●政治家の無知で国滅ぶ。今こそ制度機構面の改編に着手しなければ尖閣・領土領海の保全はままならない。 1800円

日本の核論議はこれだ 郷友総合研究所

●核論議を封印して生き残りはありえない！被爆国・日本の取るべき進路を自衛隊ＯＢが簡潔に提示する。 1500円

平成の防人たちへ 真田左近

●自衛隊よ、国民を護る気概はあるのか？かつての仲間を愛するが故に敢えて指摘する情け無い内情。 1600円

戦後日本を狂わせた左翼思想の正体 田中英道

●戦後日本を混乱させてきた左翼思想の正体は変種マルクス主義であるフランクフルト学派であった。 2000円

さらば戦後精神 植田幸生

●戦後体制とは巨大なマジックミラーの時代で、アメリカが牛耳をとり外側の日本人は明き盲に過ぎなかった。 1800円

日本人の百年戦争 坂本大典

●薩英、馬関、日清、日露、第一次大戦、満洲、日支事変から大東亜戦争まで日本民族の「百年戦争」を明らかにする。 2000円

これでも公共放送かＮＨＫ！ 小山和伸

●偏向反日番組を垂れ流し放送法を楯にとって受信契約、受信料徴収を強いるこんなＮＨＫなどもういらない！。 1500円